放射性废物固化/固定处理技术

郭喜良　徐春艳　杨卫兵　编著
范智文　崔安熙　主审

HEUP 哈爾濱工程大學出版社

内容简介

本书充分考虑了国内放射性废物治理科研人员和基层技术人员的实际需求，详细介绍了放射性废物的固化和固定技术，包括水泥固化基料的类型和作用，固化处理的方法和技术特点，固化处理产生废物体的安全性能要求和表征方法；概述了固化技术的发展历史和技术类型，以及水泥固化的机理。

本书可供从事放射性废物固化处理和安全处置的技术和管理人员阅读和参考，也可用作放射性废物固化处理和废物固化体安全表征技术人员的培训教材。

图书在版编目(CIP)数据

放射性废物固化/固定处理技术/郭喜良，徐春艳，杨卫兵编著. —哈尔滨：哈尔滨工程大学出版社，2016.3(2017.7 重印)
ISBN 978-7-5661-1234-7

Ⅰ.①放… Ⅱ.①郭… ②徐… ③杨 Ⅲ.①放射性废物处理 Ⅳ.①TL941

中国版本图书馆 CIP 数据核字(2016)第 060138 号

选题策划 石 岭
责任编辑 石 岭
封面设计 语墨弘源

出版发行 哈尔滨工程大学出版社
社　　址 哈尔滨市南岗区东大直街 124 号
邮政编码 150001
发行电话 0451-82519328
传　　真 0451-82519699
经　　销 新华书店
印　　刷 北京中石油彩色印刷有限责任公司
开　　本 787 mm×960 mm　1/16
印　　张 10.25
字　　数 221 千字
版　　次 2016 年 4 月第 1 版
印　　次 2017 年 7 月第 2 次印刷
定　　价 28.00 元
http://www.hrbeupress.com
E-mail:heupress@hrbeu.edu.cn

前　言

核能和核技术利用已成为社会经济不可缺少的重要组成部分。核能发展和核技术利用过程中，不可避免地产生各类放射性废物，对放射性废物安全管理是核能可持续发展的重要前提和保障。放射性废物管理的最终出路是实施长期安全处置。废物处置和长期安全储存要求对废物进行稳定化处理，实现对放射性废物的包封，降低放射性污染和污染扩散的风险，并制备满足废物处置接收要求的废物体。本书从放射性废物最终处置安全角度出发，系统地介绍了放射性废物水泥固化处理的方法、技术特点和废物固化体安全性能表征现状，希望能够为从事有关放射性废物处理和废物管理的同行提供技术参考。

本书共分5章，第1章为概述，包括废物固化/固定的基本定义，固化/固定技术的起源以及在国内的发展，固化/固定处理技术概况。第2章为水泥固化材料，包括水泥固化基本原理，不同的水泥固化基料，详细介绍了放射性废物固化采用的外加剂类型和外加剂对固化过程的影响。第3章为水泥固化技术，包括传统的水泥固化工艺和技术，水泥固化技术研究的关键表征参数，以及国际上已开发/采用的先进固化技术等。第4章和第5章为放射性废物固化体的性能要求、表征参数测量方法，表征实践和经验。

本书由郭喜良、徐春艳、杨卫兵编著而成。在此特别感谢中国辐射防护研究院放射性废物安全表征工作组的李洪辉、高超、柳兆峰、贾梅兰、王建伟、郭宵斌等同志。本书编写过程中，得到了中国辐射防护研究院安鸿翔、孙庆红、王辉、张彩虹、程金茹等老师的精心指导，对本书提出了很多宝贵意见。中国辐射防护研究院郝建中老师和程伟对书稿编写过程涉及的英文文献进行了翻译和校对。本书编写和出版过程中，得到了清华大学成徐州老师和云桂春老师，哈尔滨工程大学出版社石岭老师的多次帮助和指导。在此对大家表示衷心感谢。水泥固化/固定处理技术是最传统，也是目前工程应用最为广泛的放射性废物处理技术之一，该技术涉及的处理对象多，专业领域广泛。本书编写过程中可能存在资料不够全面，理解不够透彻之处，加之作者知识水平有限，难免有不足、不当之处，欢迎同行和各位读者批评指正。（通讯地址：中国辐射防护研究院；联系电话：0351－2203186；Email：guoxl214@126.com）

编著者

2015年10月

目　　录

第1章　绪　　论

由于核能具有低碳、清洁、经济等优势，因此它已成为我国能源结构的重要组成部分。核能在优化能源结构，促进节能减排，保证国民经济平稳发展等方面具有重要的战略意义。放射性废物是核能利用的必然产物，是指含有放射性物质或被放射性物质所污染，活度或活度浓度大于规定的清洁解控水平，且所引起的照射未被排除的废弃物。生产、使用及操作放射性物料的实践和活动均可能产生放射性废物，其来源涉及铀矿冶、铀浓缩和燃料加工，核动力堆和研究堆的运行，乏燃料后处理，核技术利用，核武器的研究、生产和试验，以及核设施退役等[1]。我国的放射性废物主要来源于核电厂和核燃料循环设施。放射性废物对人体和环境的主要危害是辐射危害。辐射危害只能通过放射性物质本身的衰变逐渐降低放射性水平，最终达到豁免或清洁解控。因此，放射性废物安全管理的首要环节，是实现对废物的稳定化处理，防止废物的扩散、弥散和失控。

《中华人民共和国放射性污染防治法》是我国放射性废物管理的总纲，对保障核电可持续发展，促进核技术安全利用，保证人类和环境安全具有重要意义。该法规定了放射性废物产生、处理、储存、处置和排放的总原则，明确了放射性废液产生单位应按照相关要求，对不能向环境排放的废液进行处理或储存。

《放射性废物安全管理条例》(以下简称《放废条例》)规定，核设施营运单位应对其产生的放射性固体废物(不包括废旧放射源)和无法排放的放射性废液进行处理，使其转变为稳定、标准化的固体废物；明确要求在放射性废物处理环节，要采用先进的固化工艺和减容技术，保证放射性废物的安全，减小废物体积。

与《放废条例》配套的《放射性废物安全监督管理办法》(报批稿)规定，产生放射性废物的单位，应对其放射性进行处理，确保放射性固体废物满足储存、运输和处置的要求。

上述法律法规以及与废物固化体性能安全要求和检测方法相关的国家标准，为放射性废物固化处理技术的研究及推广应用提供了直接的法律依据和保障。

20世纪80年代初，我国开始关注和启动有关放射性废物水泥固化处理研究和应用。早期的研究内容，主要包括实验室水泥固化配方、固化工艺、简单固化装置的开发以及大体积水泥浇注技术等。在已有研究基础上，20世纪90年代中期，国内对水泥固化处理技术的研究日趋成熟，并在秦山核电厂和大亚湾核电厂配套建设了低中水平放射性废物水泥固化系统。同期也编制并颁布实施了废物固化体性能要求和检验方法的相关标准。随着国内核电事业的快速发展，国内绝大多数核电厂配套建设了放射性废物水泥固化生产线，主要用于低中水平放射性浓缩液和废树脂的固化处理，以及其他固体废物的固定处理。水泥固化作为一种传统的废物处理技术,在我国已积累了较好的研究基础和应用实践。但在实践中也发现该技术尚有需要改进之处,比如设施运行的安全性、稳定性和兼容性,设施本身的经济性和固化体(固定体)的性能等方面,都有待于改进和提高。

本书详细阐述了放射性废物的几种固化处理方法;废物固化技术在国内的技术发展、良好实践、应用现状和有待改进之处;努力从机理角度探讨了影响水泥固化效果的因素;突出介绍了与放射性废物最终处置安全相关的废物固化体性能要求和表征实践等。前述内容对提高国内放射性废物固化处理技术,促进先进固化技术的国产化,以及改善放射性废物的长期安全是必要的。

1.1 固化和固定的概念

放射性废物的固化/固定处理,就是将废物加工成能满足废物储存、运输、处置要求的,具有一定机械性能且结构稳定的废物体。不同的国家或组织对固化和固定的定义是有差别的。

1.1.1 我国对固化/固定的定义

废物的固化和固定均属于废物整备技术,其包括将废物转变为固体形态,封装在容器内及必要时的外包装。

《核科学技术术语 第8部分:放射性废物管理》(GB/T 4960.8—2008)对固化和固定有明确的定义。固化(Solidification),是指一种使液态或类似于液体的物质转变为固体的方法,通常形成一种易于搬运和加工,物理性能稳定,且不易弥散的物体。固定(Immobilization),是指通过固化、埋置或封装等手段,把废物转化为在搬运、运输、储存和处置时,放射性核素迁移或弥散可能性小的废物体的一种方法。根据定义理解,固化是固定的一种形式。固化和固定后形成的废物体,分别被称为废物固化体和固定废物体。核行业标准《放射性废物体和废物包的特性鉴定》(EJ 1186—2005)明确指出:废物固化体是用水泥、沥青、塑料或玻璃等固化基料,把液体、泥浆、焚烧灰或离子交换树脂等废物固结成的均匀废物体;固定废物体是用水泥砂浆、细石混凝土或环氧树脂等固定介质,把放射性固体废物固结成整体的废物体。

1.1.2 美国对固化/固定的定义

美国采用稳定化和固化(Stabilization/Solidification,简称S/S)来定义放射性废物固化处理技术。相关理论指出,固化处理技术是S/S一种典型的废物处理工艺。该工艺把废物与黏合剂通过物理方法或化学方法进行混合,从而将废物转化为满足处置要求或建筑使用要求的废物体,以达到减少污染物浸出的目的。相关文献给出了稳定化和固化的定义:稳定化(Stabilization)是指采用化学方法将污染物转变为不易溶解,流动性小,或毒性较小的废物体的处理技术,稳定化不要求改变废物的物理特性[2];固化(Solidification)是指将废物包封为固体的处理技术,固化可不涉及污染物与固化外加剂间的化学反应,固化产物废物体可能是一个固结的整体,或黏土状物质,或具有一定粒径的颗粒状物质,或其他通常意义上的“固体”形式。稳定化和固化的科学定义虽然有差异,但在实际应用中,往往将这两个专业词语交叉使用,或统一为稳定化/固化(S/S)。另外,一些早期通用的术语如固定(Fixation)和化学固定(Chemical fixation)已基本由 S/S 代替。

1.1.3 国际原子能机构对固化/固定的定义

国际原子能机构(IAEA)放射性废物管理术语对放射性废物固化和固定进行了规定。固化(Solidification)是通过固定将气态、液态或类液态物质转变为固化体的一种处理技术,其目的是生成易搬运和不易弥散的结构稳定的物质。焚烧、干燥、水泥固化、沥青固化和玻璃固化是一些典型的液体废物固化方法。固定(Immobilization)是指通过固化、埋置或封装将废物转化为废物体的一种处理技术,其目的是降低搬运、运输、储存或处置过程中放射性核素向外迁移或弥散的可能性[3]。

综合分析可以看出,国内对废物固化和固定的定义基本参照了 2003 年 IAEA 出版的《放射性废物管理术语》中的定义,对固化进行了缩小范围的界定,即固化不包含气态废物的处理,焚烧和干燥技术也没有纳入固化。

1.2 固化/固定技术的起源和发展

1.2.1 技术的起源

Jesse Conner 最早于 1990 年在其专著中描述了固化/固定的起源和发展,书中指出固化/固定技术最早应用于放射性废物处理是在 20 世纪 50 年代[2]。早在 1954—1959 年,美国布鲁克海文国家实验室(BNL)开发并采用水泥固化技术固化低中水平放射性废物,其中包括对废树脂的固化[4]。早期是采用波特兰水泥将放射性液体废物固化在桶内或其他容器中,为了吸收废液中的水分,需要加入大量的水泥,实践中也曾加入矿物质吸附剂(如蛭石)来吸收水分,以降低水泥的使用量和避免泌出水的产生。由于固化基料的引入,固化/固定是增容的,导致废物处置成本提高。为了弥补该缺陷,减少废液的水分,后期提出了废物煅烧和玻璃化处理技术。

1970 年以前,有关废物固化/固定处理的公开报告或文件不多。1970 年到 1976 年间,美国一些公司组织对工业废水的固化/固定技术进行了调研。同一时期,与废物固化/固定处理有关的研究有:采用石灰 - 飞灰体系和炉渣来处理电厂淤泥;采用水泥 - 飞灰体系来固化处理无机废物;对危险废物固化/固定处理技术进行评价。尽管缺少相关的监管要求,该时期也有大量的废物被固化处理。1974 年,美国将约 47 000 t 含汞的淤泥固化后,处置在海洋里[2]。

1.2.2 固化技术在国内的发展

1. 塑性材料固化

(1)沥青固化

我国于20 世纪60 年代开始有关放射性废物沥青固化处理的研究[5]。中国原子能科学研究院、核工业第二研究设计院和废物产生单位围绕该技术开展了广泛研究,包括固化用沥青特性研究,固化配方、工艺研究,沥青固化体安全性能研究,中间规模冷试、热试研究,以及工程规模冷试、热试研究。

郑瑞堂、张铁松、刘秀春等于20 世纪七八十年代围绕沥青固化开展了很多研究,主要内容涉及沥青特性研究,固化配方、固化体特性研究,实验室沥青固化设备研发,双螺杆台架试验研究,以及沥青固化装置研究。于 1976 年开始沥青固化蒸残液的装置设计,经多次单体、串级实验和补充完善后,建成了一套沥青固化装置。该装置采用双螺杆挤出蒸发工艺,可用于试验和中低放蒸残液的固化处理[6]。图 1 - 1 给出了沥青固化装置示意图。该装置的核心构件为双螺杆挤出蒸发器,螺杆长 3 m,由两根平行的螺杆组成,采用梯形与矩形不等距螺纹,两根螺杆同向旋转,互相咬合,将固化产品推出[7]。该装置于 1985 年采用中放废液完成了热试车,装置设计的日处理量为 1. 5 t 蒸残液,处理产生 2. 5 桶沥青固化体[6]。热试期间,蒸发器热运行 191 h,共计处理20. 5 t 中放蒸残液,产生45 桶沥青固化体,主要技术指标基本符合设计要求[8]。装置热试过程中,对设施运行的辐射防护安全和沥青固化产物的燃爆危险进行了安全评价。安全评价结果指出:工作人员受照和放射性物质向环境的释放均满足相关限值要求;沥青固化出口温度应严格控制在 170 ℃以下,以避免固化产物的燃爆危险[9]。

沥青固化产物为含有机质固化体,在长期储存和处置条件下的辐照稳定性在早期研究中引起关注。张积舜、陈竹英等在沥青固化产品的辐照稳定性研究中,采用^{60}Co 源对产品进行辐照。当总累积受照剂量为 1.0×10^6 Gy 时,固化体体积发生膨胀,产生气孔,辐解气体产物为 H_2,每千克固化体的 H_2产生量为 0. 305 L;当总累积受照剂量为 1.0×10^7 Gy 时,固化体物理化学特性发生明显变化,辐解气体 H_2的产生量增加为每千克固化体 3. 69 L[10]。

我国某厂于 1984 年建成沥青固化生产厂房和配套设施,该设施用于沥青固化处理该单位的放射性硝酸钠废液。1992 年开始热投料运行[11,12]。该设施采用刮板薄膜蒸发工艺,沥青固化工艺流程如图 1 - 2 所示,主要工艺过程包括供料、计量、沥青固化、尾气处理。该流程涉及六个主要处理单元,即废液供给系统、沥青供给系统、蒸汽蓄热器及供给系统、刮板

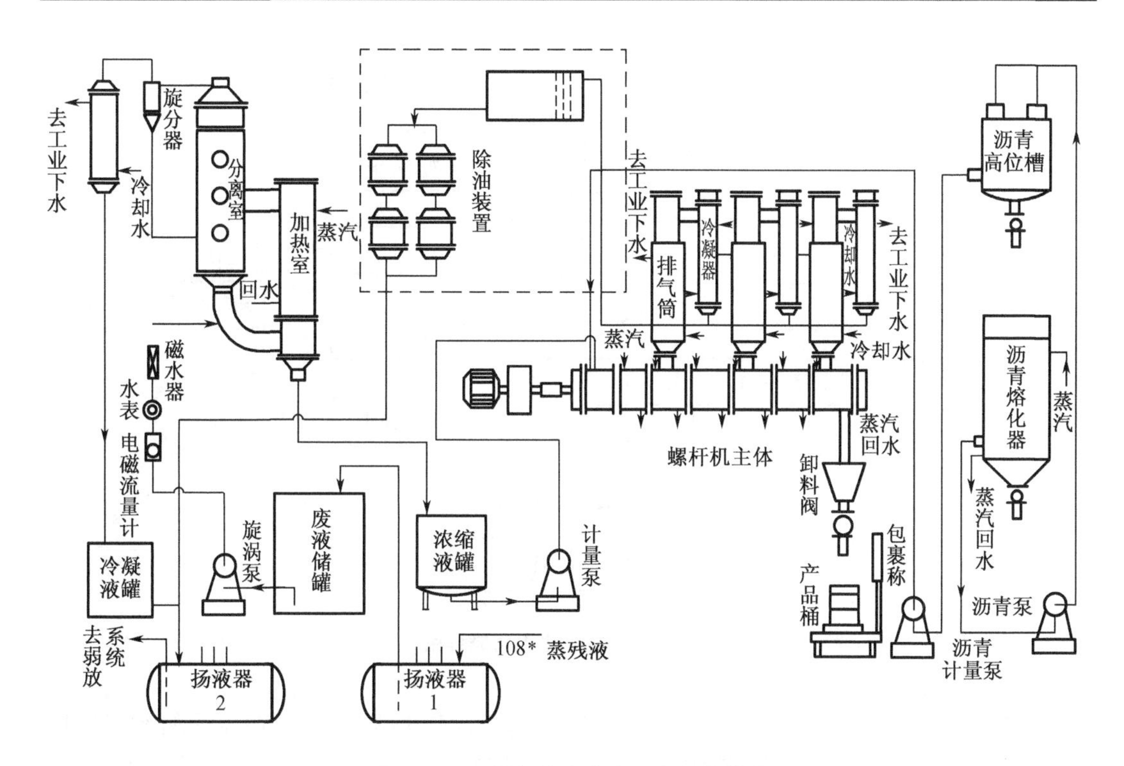

图1-1 双螺杆挤出蒸发沥青固化装置

薄膜蒸发器系统、尾气处理系统和装桶及吊运系统[12]。

该沥青固化生产线也是截至目前,国内建立的唯一一个工程规模的沥青固化处理装置,该装置运行十几年期间处理了该公司大量的低放浓缩废液。2006年,该沥青固化生产线因工作箱发生沥青燃爆事故而停运,自此以后,国内也不再考虑放射性废物的沥青固化。由郭志敏主编的《沥青固化处理放射性废液的工程运用》一书,系统地介绍了我国某厂沥青固化放射性废液的工程实施概况,包括固化用沥青的种类和特性,沥青固化体特性,国内唯一沥青固化生产线的建立和运行概况,固化设施和工艺,沥青固化事故及原因分析等[11]。

(2)其他塑性材料固化

20世纪70年代至90年代,中国原子能科学研究院和中国辐射防护研究院开展了较多其他类型塑性材料固化放射性废物的研究[13-15]。

中国原子能科学研究院曾在IAEA资助下,于1989年建成了苯乙烯固化处理废树脂和废溶剂的试验装置。装置由六部分组成:废树脂水力输送系统,废树脂脱水干燥和计量系统,聚合物加料搅拌和掺和混匀系统,聚合物固化养护系统,封盖和转运吊装系统,固化桶运载传输系统[16]。该装置的固化工艺流程如图1-3所示。固化工艺过程是:将废树脂水

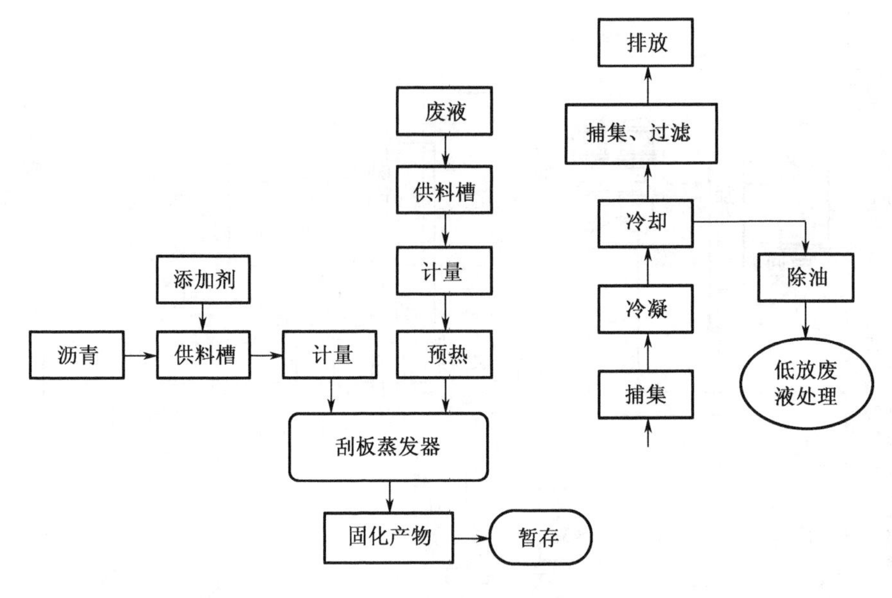

图1-2　沥青固化工艺流程图

力输送至干燥器，真空抽滤后升温进行干燥，不同类型树脂干燥温度不同；干燥树脂经计量后加入到混合均匀的固化剂中，搅拌均匀后转移到恒温养护箱内聚合固化，固化温度为37～38 ℃，约24 h后可硬化。

杜大海、程理、谢建勋等开展了不同类型塑性材料固化配方和工艺研究，用于放射性废物固化研究的塑性材料有不饱和聚酯、脲醛树脂和聚氯乙烯等。固化对象涉及含硼废液和离子交换树脂、硝酸钠蒸残液、有机废液和泥浆等[17,18]。不饱和聚酯固化模拟硝酸钠、偏硼酸钠干盐粉和离子交换树脂的可行性研究结果表明，在满足固化体性能要求的条件下，上述三类废物的质量包容量达到50%～60%[18]。研究指出，不饱和聚酯树脂固化工艺相对简单，硝酸钠、离子交换树脂的固化可在室温下进行，有机废液的固化可在60 ℃下进行。在有机废液的质量包容量为30%～40%时，磷酸三丁酯与聚酯有很好的相容性[19]。脲醛树脂除了可用于固化上述废物外，也可用于固化酸性去污液。脲醛树脂与废液的相容性较好，固化工艺流程简单，便于实施。研究中采用的脲醛树脂固化工艺流程如图1-4所示。

不饱和聚酯固化核电站废树脂的可行性研究表明，采用合适的固化配方和工艺，可获得废树脂质量包容量约40%的固化体，固化体抗压强度大于10 MPa，耐辐照、抗冻融、抗水性良好。与苯乙烯固化相比，聚酯固化所得配方的废物包容量较低，但该固化工艺简单，可在室温下进行，固化剂不需要预聚合处理。研究中提出的固化工艺过程为（如图1-5所示）：在固化桶中按照配方加入不饱和聚酯和外加剂（酮），充分搅拌；之后，加入经脱水处理

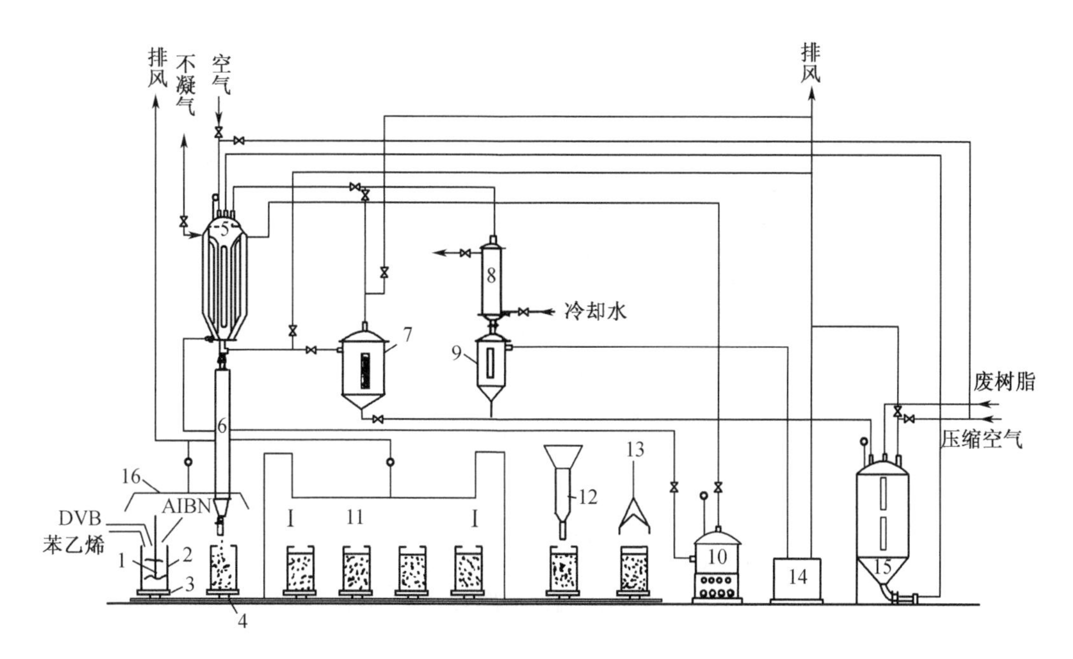

图 1-3 苯乙烯固化中间试验装置

1—机械搅拌器;2—固化桶;3—运输小车;4—轨道;5—树脂烘干器;
6—树脂计量槽;7,9——气水分离器;8—冷却器;10—蒸汽发生器;11—养护箱;
12—水泥混合器;13—吊具;14—真空泵;15—废树脂桶;16—风罩

的废树脂(树脂含水量小于40%),搅拌均匀;然后,在室温下放置固化,约2 h后硬化[20]。

采用聚氯乙烯(PVC)、聚乙烯(PE)和聚苯乙烯(PS)三种热塑性材料固化焚烧灰和废树脂的对比研究结果表明,PVC和PE对废树脂有较好的包容性,PS对焚烧灰有很好的包容性,废物减容比约2.8,固化体抗压强度达到59 MPa。研究中采用的PS为放免测试用的废弃塑料管的破碎料,该物料用于焚烧灰的固化在实现废物减容的同时,可实现废物的再循环再利用。该固化研究采用的设备和工艺流程如图1-6所示。该固化工艺为螺杆挤压方式,固化过程中要求固化剂和包容物的粒径小于0.38 mm,并经干燥处理;固化剂与废物(焚烧灰或废树脂)的包容比为7∶3;根据固化剂和废物类型的不同,需要控制不同的投料、软化、塑化和挤出温度[21]。

为确保废物的最终处置安全,一些组织或个人对上述不同类型固化体的性能开展了广泛研究。脲醛树脂固化体性能测试结果表明,对同一类废物,脲醛树脂固化体的抗浸出性高于水泥固化体,低于沥青固化体;而脲醛树脂固化体的抗压强度高于沥青固化体,低于水泥固化体。研究指出,脲醛树脂固化的关键在于对固化体泌出水的控制。因为在固化体凝结硬化过程中,体积发生收缩,存在于固化介质中的游离液体将被挤压出固化体,生成泌出

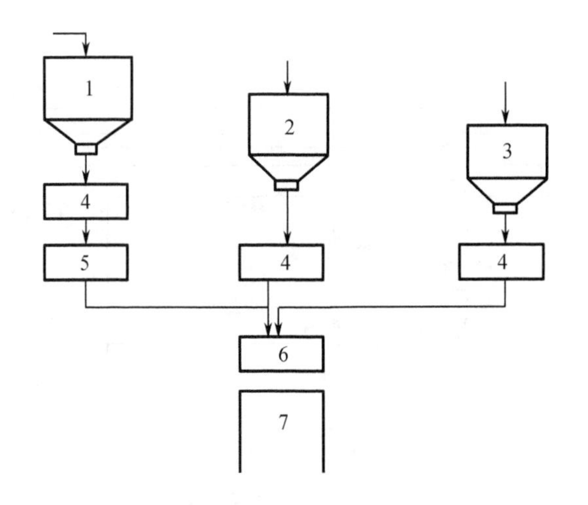

图 1-4　脲醛树脂固化工艺流程图

1—废物储槽;2—脲醛树脂储槽;3—硬化剂储槽;4—计量器;
5—调整 pH 值;6—混合固化器;7—处置容器

水。酸性泌出水将对废物容器造成腐蚀,这是限制该固化技术推广应用的主要原因[22]。

以聚氯乙烯固化体为对象,研究了有机质固化体的热分解老化和辐照效应老化,建立了定量表征废物固化体抗热老化性能的测试方法。采用^{60}Co 源对聚氯乙烯塑料固化产物的辐照结果表明:累积受照剂量为 1.0×10^6 Gy 时,样品的外形、颜色、质量均没有明显变化;而累积受照剂量为 1.0×10^7 Gy 时,样品发生形变,表面有盐粉析出,样品颜色变深,带有有机脂类的气味,但是样品质量没有明显变化。分析指出,累积受照剂量大于 1.0×10^6 Gy 时,氯化氢形成共轭双键,与邻近的氯原子发生共轭效应,进而脱出 HCl[23]。

2. 水泥固化

与塑性材料固化技术相比,水泥固化用于放射性废物处理有其明显的经济、安全和技术成熟度优势。我国于 20 世纪 80 年代开始关注和启动有关放射性废物水泥固化处理研究和应用[24]。为了充分借鉴国外的实践经验,王锡林收集了包括美国、日本在内的 18 篇文献,经翻译后整理成书籍出版[25]。该译文集介绍了水泥固化放射性废物的方法及废物固化体的包装、运输和处置。当时水泥固化方法应用于高、中、低三种水平放射性废物的处理,废物类型涉及离子交换树脂、废液和废泥浆等。该书籍在当时对放射性废物水泥固化技术的研究起到了很好的参考作用。

20 世纪 80 年代,国内对放射性废物水泥固化的早期研究包括实验室水泥固化配方研究、固化工艺研究、简单固化装置的开发和大体积水泥浇注技术的研究。中国原子能科学研究院于 1982 年初,建成了中规模桶内搅拌水泥固化实验装置,如图 1-7 所示。该装置主

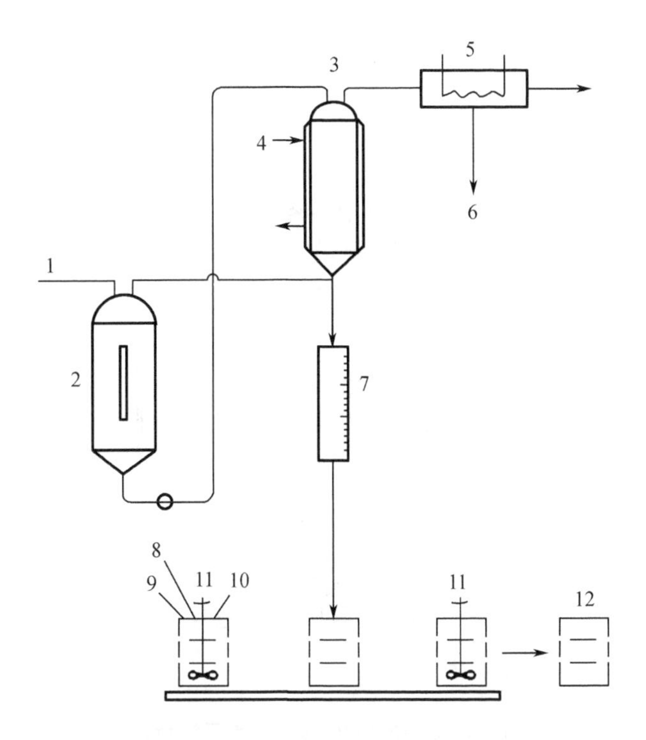

图1-5　不饱和聚酯固化废树脂工艺流程

1—废树脂;2—料罐;3—干燥器;4—蒸汽;5—冷凝器;6—馏出物;
7—剂量计;8—聚酯;9—催化剂;10—促进剂;11—混合;12—废物体

要包括料液输送、水泥输送和废液水泥固化三个单元。装置主要由升降器、搅拌器、行走机构和混合容器四部分构成[26]。

早期水泥固化处理放射性废物类型包括含硼废液、去污液、泥浆、含氚(^{3}H)废液和有机废液等。放射性化学沉淀水泥固化配方研究中,通过添加20%的斜发沸石提高固化体的抗压强度和降低^{137}Cs的浸出率[27]。压水堆核电站含硼废液和去污液水泥固化配方研究中,通过添加氢氧化钠等碱性物质来促进含硼废液的凝结,调节酸性去污液与水泥的兼容性;通过添加30%的斜发沸石来提高固化体的强度,减小核素浸出和提高废物的包容量[28];采用聚合物浸渍混凝土(PIC)固化处理中放废物,可提高固化体的抗压强度,降低放射性核素的浸出[29]。聚合物浸渍混凝土固化放射性废液的工艺流程如图1-8所示。

固化技术用于含氚废液的处理,其技术难点在于对氚的封装隔离。含氚废液的固化方法有聚合物固化、无机胶结剂固化、金属氢化物固化和无机-有机复合材料固化。国内早期对无机-有机复合材料固化含氚废液开展了研究,采用苯乙烯+甲基丙烯酸甲酯聚合物单体浸渍处理含氚水泥固化体,实现对氚水的固定和密封。聚合物浸渍水泥固化含氚废液

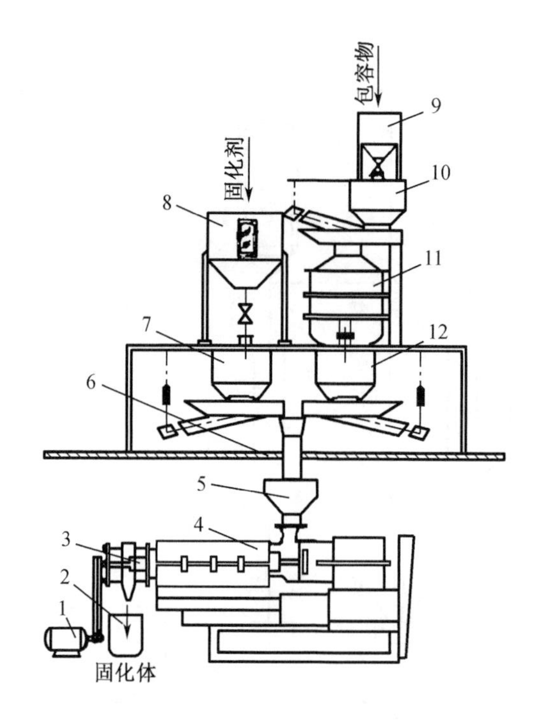

图 1-6 PVC,PE 和 PS 固化装置及流程示意图

1—电动机;2—储存容器;3—造粒机;4—螺杆挤出机;
5—挤出机料斗;6—混合器;7—1#振动输送机;8—塑料储槽;
9—炉灰转运;10—2#振动输送机;11—振动筛;12—3#振动输送机

的工艺流程如图 1-9 所示。其工艺过程为:按照比例称取定量普通硅酸盐水泥至固化容器内,通过缓慢注射的方式将含氚废液注入容器内,密封静置养护 7 d 后,向容器内缓慢注入聚合物单体;自然浸渍 24 h;40 ℃下预聚 5 ~7 h;升温至 45 ~50 ℃聚合 17 ~19 h 后,养护储存[30]。

含氚废液水泥固化的另一处理方法是:以普通硅酸盐水泥为基料,以石膏为添加剂,对含氚废液进行水泥固化,固化中用沥青、苯乙烯作涂层材料。固化工艺流程包括沥青衬桶、加料封盖、混合搅拌、密封凝结硬化、沥青涂覆和密封养护等过程。具体操作步骤为:按照配方要求,将合适比例的水泥和含氚废液注入固化桶内,封盖;将固化桶置于滚动混合器上进行正反滚动,使水泥浆达到均匀;静置,密封养护 28 d 后,在固化体表面浇注热沥青;封盖后将固化桶转移到高整体性的密封容器内[31,32]。

国内于 20 世纪 80 年代致力于大体积浇注水泥固化处置中放废液的研究,中放废液包括后处理厂产生的中放蒸残液和元件脱壳产生的偏铝酸钠废液[13,33,34],以及后处理厂产生

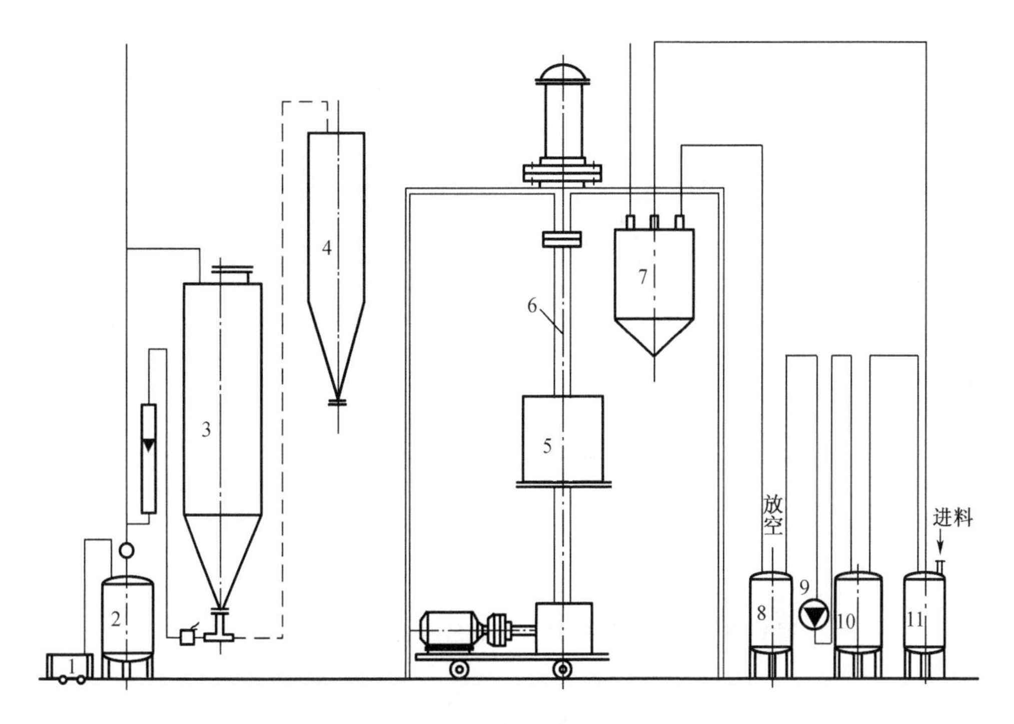

图1－7 中间规模的桶内搅拌水泥固化装置

1—空气压缩机；2—空气缓冲罐；3—水泥储罐；4—水泥计量罐；5—混合桶；6—搅拌桨；
7—料液计量罐；8—真空缓冲罐；9—真空泵；10—空气缓冲器；11—料液储罐

的有机废液（30%磷酸三丁酯＋70%煤油）[35,36]。开展的主要研究包括大体积浇注水泥固化配方和固化体性能研究。

20世纪90年代中期，在已有研究基础上，国内对放射性废物固化处理技术开展了进一步研究，并日趋成熟和规范。其内容涉及含硼浓缩液无砂配方以增加废物包容量的研究[37,38]，含硼废物固化促凝方法的研究[39]和改善废物固化体性能的研究[40]，以及中核四川环保公司的低放废液沥青固化生产线的热试投料运行，秦山核电厂和大亚湾核电厂配套建设的中低水平放射性浓缩液和废树脂水泥固化系统。为确保固化产生最终废物的长期处置安全，我国相继颁布实施了《低中水平放射性废物固化体性能要求 水泥固化体》（GB 14569.1—1993）、《低中水平放射性废物固化体性能要求 塑料固化体》（GB 14569.2—1993）和《低中水平放射性废物固化体性能要求 沥青固化体》（GB 14569.3—1995）等系列的标准要求。这些标准明确了对三种不同处理技术产生的废物固化体的性能要求和检验方法。

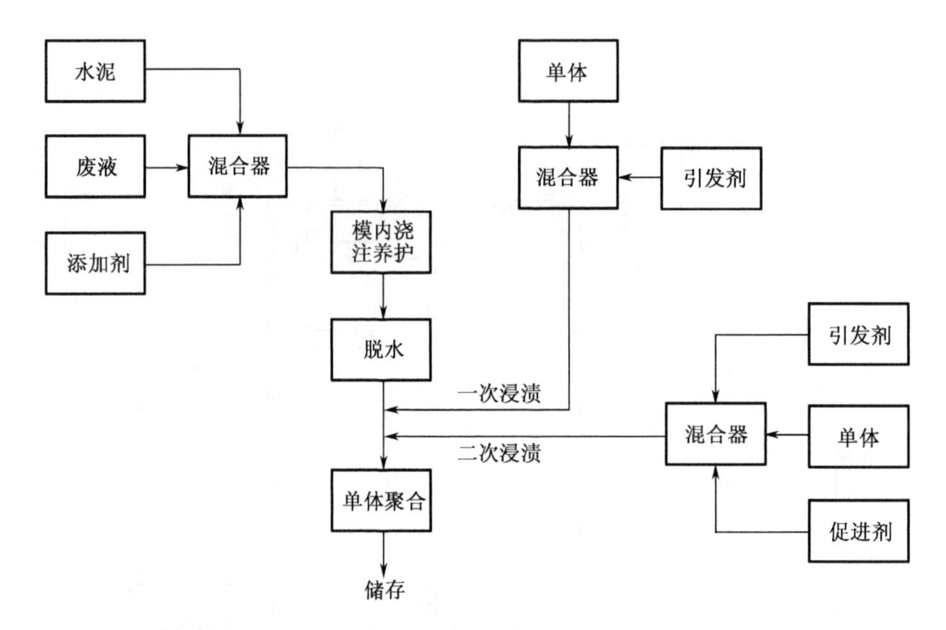

图 1-8　聚合物浸渍混凝土固化放射性废液的工艺流程

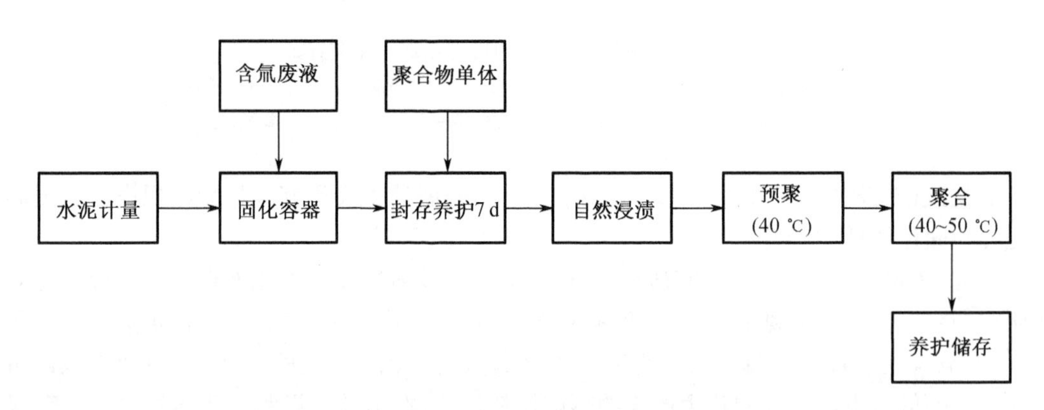

图 1-9　聚合物浸渍水泥固化含氚废水工艺流程图

自 20 世纪初以来,国内核电事业得到了快速发展,截至目前,国内绝大多数核电厂配套建设了放射性废物水泥固化生产厂,主要用于低中水平浓缩液和废树脂的水泥固化处理,以及废过滤器芯和压缩废物/不可压缩废物的固定处理。表 1-1 所示为截至目前国内核电厂配套建设的已投入运行的放射性废物水泥固化处理设施[41]。在早期废物固化技术的基础上,同期开展的相关研究工作可概括为以下三个方面:

①以提高废物包容量为目标的相关研究和技术引进，如周耀中、李俊峰等通过研究发现,采用新型特种水泥将放射性含硼废树脂的体积包容量可提高至42% ~48%[42-44]。

②固化搅拌工艺的改进。为制备满足要求的均匀固化体,通过多次研究实现了固化搅拌桨的递进式改进,即由早期的门式搅拌到行星式搅拌,再到目前的双螺旋式搅拌[45]。

③在已有研究基础上,通过标准修订和核电厂水泥固化生产线的新建或改进的性能验证,实现了国内水泥固化体性能表征要求和性能验证实践活动的规范化和合法化发展。包括 GB 14569.1—1993[46]和《放射性废物固化体长期浸出试验》(GB 7023—1986)[47]两项相关国家标准的修订,以及大亚湾核电厂和秦山第二核电厂固化配方和工艺改进性能验证,新建岭澳核电、红沿河核电、宁德核电、方家山核电、三门核电、阳江核电等多家水泥固化生产线正式投运前的性能验证。

表1-1 国内核电厂配套建设的水泥固化设施

序号	设施名称	所属电厂	设计能力	投入运行时间
1	废液固化系统	秦山核电厂	每年处理556桶	1991年
2	TES系统(固化、固定)	秦山第二核电厂	1 000 $m^3/a\times2$	2002年
3	TES系统(固化、固定)	大亚湾核电厂	960 m^3/a	1994年
4	TES系统(固化)	岭澳核电厂一期	960 m^3/a	2002年
5	TES系统(固化)	岭澳核电厂二期	205 m^3/a	2012年
6	1号液体放射性废物水泥固化系统	田湾核电厂	180桶/机组年	2007年
7	2号液体放射性废物水泥固化系统	田湾核电厂	180桶/机组年	2007
8	水泥固化设施(9TES1&9TES3)	红沿河核电厂	8 h处理4~8桶	2013年
9	9TES系统(固化)	宁德核电厂	205 m^3/a	2013年
10	9TES系统(固化)	阳江核电厂	8 h处理6~8桶	2014年

1.3 固化/固定处理技术简介

基料,是指用以固化/固定废物的非放射性物料,如水泥、塑性材料和玻璃等。通常根据废物固化/固定使用基料的不同,对该技术进行分类。截至目前,国内外得以开发并推广应用的固化技术主要包括:水泥固化、塑性材料固化、玻璃固化、陶瓷固化和石灰固化等。其中,前三种固化技术已被广泛应用于放射性废物的处理。

1.3.1 塑性材料固化

塑性材料固化处理是使用热塑性材料对废物的固化/固定处理,该技术适用于有机废物的处理。根据热塑性材料的不同,该技术可分为热固性固化和热塑性固化两种[15,48]。美国、日本以及欧洲的一些国家,广泛采用该技术对核电站、后处理厂和其他核设施产生的低中放废物进行处理。

1. 热固性固化

热固性固化是在加热条件下,通过小分子交联聚合为大分子的过程,使有机液体废物硬化为固体废物的处理技术。低水平放射性有机废物(如放射性废离子交换树脂)曾采用热固性有机聚合物进行固化处理。截至目前,常用的固化基料有:环氧树脂、酚醛树脂、聚酯、脲甲醛和聚丁二烯等。

热固性固化技术的优点是对外加剂的需求较少,可实现对某些类型废物很理想的包容。该技术主要的缺点是有机废物和有机固化基料在加热条件下易挥发,并存在起火燃烧的危险,因此该技术无法应用于大批量废物(如核电站有机放射性废物)的处理。另外,固化基料的造价相对较高,这也是影响该技术大面积推广应用的一个主要因素。

(1)环氧树脂固化

环氧树脂的固化可采用许多种交联剂(硬化剂),或添加催化剂促进自聚合。当树脂的反应基团反应完毕,且树脂变得坚硬和不可熔化后,固化基本完成。

法国采用的热固性树脂(聚酯或环氧树脂)固化技术是早期低中放废物处理的常用技术之一,它是由法国原子能委员会(CEA)和 Technicatiome 公司共同研发的专利技术。该技术可用于固化液体废物、湿离子交换树脂、泥浆及干(或湿)固体废物等。液体废物固化前需要经过化学预处理和浓缩干燥处理;废树脂经化学预处理后使自由阳离子 Na^+ 基饱和。该技术在法国主要用于废离子交换树脂的固化处理[49]。在已有研究基础上,法国 CEA 开发了用于固化废离子交换树脂的批式和连续固化工艺,图 1-10 为废树脂环氧树脂固化连续生产工艺示意图。该工艺采用螺杆挤压固化技术,备有两个废树脂加料罐,交替备料以实现连续固化处理。图中所示非放树脂为固化剂,固化剂与废树脂分别计量后,采用离心法脱去废树脂中的水分,经螺杆挤出机实现混合固化处理[50]。

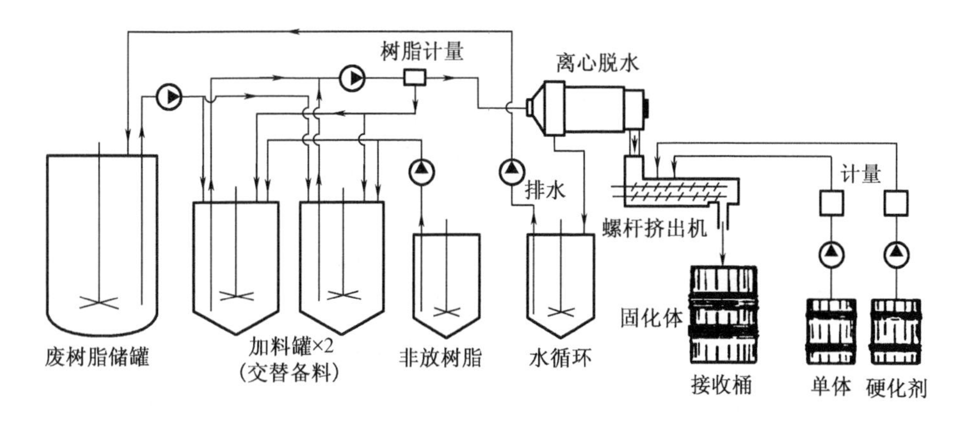

图1-10 法国CEA环氧树脂固化连续工艺过程示意图

(2)聚酯固化

聚酯属于热固塑性材料,室温下为液态,在合适的引发剂、促进剂和温度等条件下,可聚合成为较硬的固体。聚酯与水在高度搅拌条件下可形成乳状液,加入适当的催化剂或促进剂之后聚酯可固化,将水包封在固化体的封闭单元结构中。固体废物则可直接包封在固化体中。一些聚酯仅适用于干固体废物的固化处理,用于固定化干废物或脱水废物的不饱和聚酯,通常都基于乙烯或丙烯乙二醇、邻苯二甲酸酐和马来酸酐。借助于催化剂和促进剂,聚酯固化的聚合过程可在室温下发生。促进剂的主要作用是在室温条件下将催化剂分解,并诱导聚合[51]。

图1-11为法国CEAGrenoble核中心研发的聚酯固化工艺。该工艺的主要操作流程包括:废物的蒸发干燥处理,聚酯与废物的预混合处理,聚酯与废物的聚合。首先,将溶解在苯乙烯中的不饱和聚酯与经干燥处理的放射性废物在预混合器内均匀混合;之后,将其排入固化桶中,加入引发剂和促进剂,进行桶内固化搅拌。在搅拌过程中,聚酯发生聚合反应,生成一种体型交联结构高聚物,从而将放射性废物固结在聚酯中[56]。

日本东芝公司开发并改进了适于固定干盐粉的聚酯固化工艺。该技术是将引发剂和促进剂直接加入预混合器中,这样就省去了桶内搅拌过程,从而简化了工艺流程。

美国道乌化学公司还开发了废树脂的就地聚酯固化工艺。该工艺以乙烯基酯-苯乙烯作为固化剂,其工艺过程为:加入催化剂搅拌1 min后,以恒定速率加入预先脱水的废树脂,边加入边搅拌并形成乳状液;废物加料完成后,加入促进剂,再搅拌1 min;放置过夜硬化。该工艺的优点是无需将树脂输送到另一个固化反应容器,使过程大为简化[22]。道乌化学公司的处理技术适用于液体废物和固体废物的处理,固化体性能良好,比如抗浸出性、抗

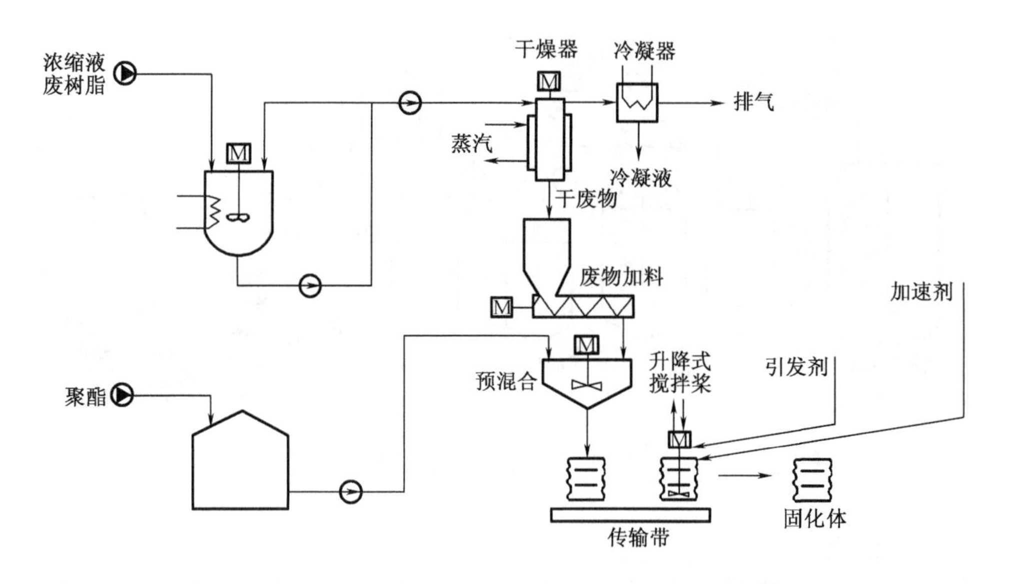

图 1-11 法国 CEA 聚酯固化工艺流程示意

压强度、抗冲击性和耐辐照性等。但是,它也有不足之处,比如一些废物可能与外加剂发生化学反应而影响或阻滞聚合反应。该技术的关键在于混合搅拌过程[51]。

(3)脲醛固化

脲醛固化是由美国开始研究的。脲醛是以尿素和甲醛为原料,通过化学合成的方式而得到的一种线性聚合链含水乳胶缩聚物。脲醛固化,是以脲醛作为固化剂,在催化剂作用下,缩聚为固化体,从而实现对放射性核素包封的一种固化技术。常用催化剂为饱和硫酸氢钠或磷酸,室温下控制 pH $=1.5\pm0.5$,30 min 内固结,几小时后可完全硬化。由于该固化过程中产生的酸性游离水对固化容器有腐蚀作用,加之固化体的机械性能较差,因此该固化技术并没有得到广泛推广[22]。

2. 热塑性固化

热塑性固化,是将热塑性固化基料与废物在一定温度下混合均匀后,产生皂化反应使放射性废物被包封在热塑性材料中的一种固化技术。常用的固化基料有沥青、石蜡、聚乙烯和聚丙烯等。

(1)沥青固化

沥青固化是利用沥青与放射性废物在合适的温度下,均匀混合后通过皂化反应,使放射性废物包容在沥青中形成固化体的一种处理技术。沥青固化多用于蒸残液、废离子交换树脂、淤泥以及焚烧灰的固化处理[5]。

沥青固化最早于 19 世纪 60 年代在比利时被用于放射性废物处理，之后，法国、前苏联、美国、日本等相继开展了沥青固化的广泛研究。一直到今天，一些国家仍然在使用该技术对放射性废物进行固化处理[2,5,12]。

法国从 1961 年开始在马库尔开展放射性泥浆沥青固化处理试验。1966 年，在已有研究基础上，建成了废液共沉淀泥浆的沥青固化工艺车间。法国主要采用两种固化处理工艺：一是螺杆挤压式工艺，适用于直馏沥青和氧化沥青；二是刮板式薄膜蒸发工艺，仅适用于直馏沥青。法国马库尔厂主要采用螺杆挤压固化装置，对中放泥浆和低放泥浆分别采用不同类型的沥青进行固化处理，装置处理能力为 500 L/h；Brennilis 核电厂采用刮板薄膜蒸发器[49]。

包括前苏联在内的一些国家研发了立式旋转薄膜蒸发器、卧式双螺杆挤压机、卧式四螺杆挤压机等沥青固化设备，早期在工业上得以广泛应用的是间歇式沥青固化装置，如图 1－12 所示。

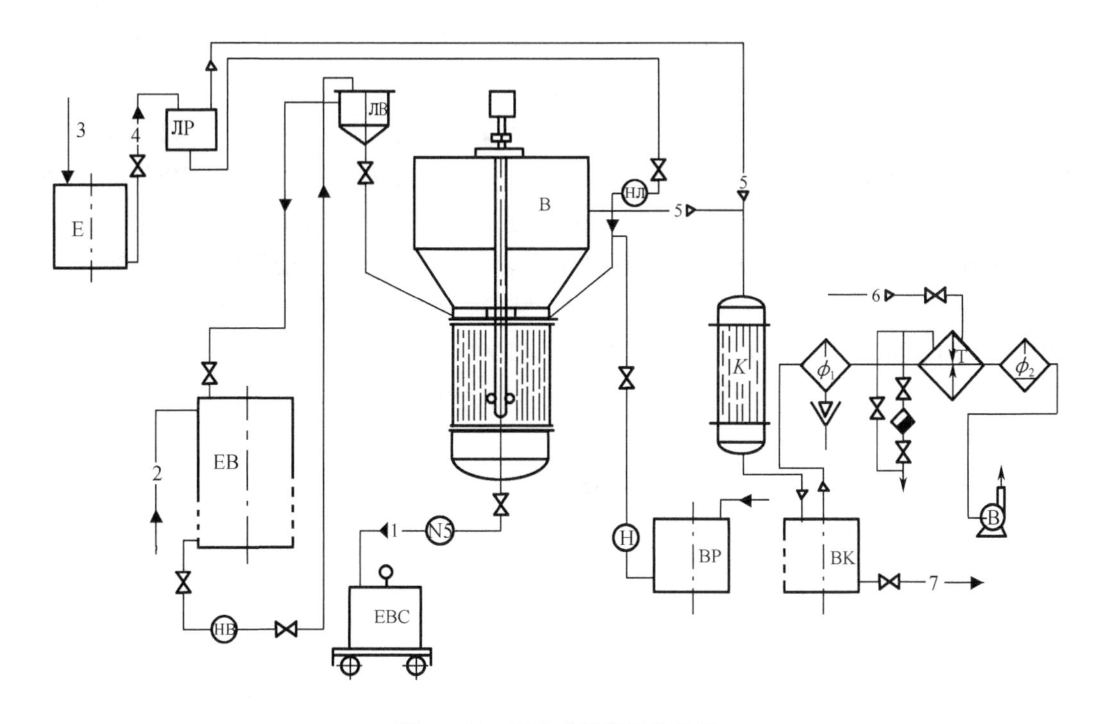

图 1－12　间歇式沥青固化装置

EBC—沥青混合物容器；HB—沥青泵；EB—纯沥青容器；E—废液容器；

ДР，ДВ—废液投配器和沥青投配器；B—ДВ－100 型沥青固化器；НД—泵投配器；H—泵；K—冷凝器；

ϕ_1，ϕ_2—粗净化过滤器和精净化过滤器；T—热交换器；BP，BK—洗涤液槽和冷凝液槽；

1—沥青混合物；2—沥青；3—放射性废液；4—工作溶液；5—蒸汽－气体混合物；6—蒸汽；7—冷凝液

该装置具有结构紧凑,操作简单,生产效率高等特点。该装置适用于中放废液的沥青固化处理,处理后的体积减容比为1~1.5[52]。前苏联第一台沥青固化装置于1986年在列宁格勒RBMK电站投入运行,该装置用于沥青固化技术处理含盐浓缩液、离子交换树脂和过滤泥浆,浓缩液为连续固化,离子交换树脂和泥浆为分批固化,连续运行的废物处理能力为500 L/h[59]。

日本采用沥青固化处理东海村后处理厂的蒸残液和化学淤泥,固化工艺为螺杆挤压蒸发。固化前通过共沉淀和调节pH值对废液和化学淤泥进行预处理,之后在四螺杆挤压蒸发器内进行蒸发,同时掺入液态沥青。挤压蒸发器的蒸发速率为200 L/h,四螺杆中有两对螺杆成V形分布,通过反向旋转为设备提供自清洗功能[54]。

沥青固化产生的废物体抗浸出性好,与水泥固化体相比,沥青固化体第42天的浸出率约低2个数量级。因此,沥青固化可包容放射性水平相对较高的放射性废液,而且废物包容量较大。但是,由于沥青固化工艺较复杂,沥青固化需要在高温条件下进行,沥青本身也具有可燃性,因此该技术最大的缺点是固化过程存在火灾风险。在国内外放射性废物沥青固化设施运行实践中,曾发生过多起燃烧、燃爆事故。

1981年,欧洲化学公司中放废液沥青固化车间发生火灾,正在装料的3个220 L固化桶由于过热反应,先后出现燃烧现象。经紧急处理后,火灾被限制在固化桶内。1997年,日本东海后处理厂沥青固化示范厂发生燃爆事故,该事故发生的原因是生产过程中,在没有任何安全论证的情况下,擅自改变了核废液成分及核废液的沥青固化处理生产工艺条件:一是向核废液中添加了磷酸盐浓缩废液;二是核废液搅拌后立即向螺杆挤压机输送。沥青固化产物在180 ℃填充后的20 h发生了燃爆事故。2006年,我国某厂沥青固化厂房甲线工作箱下料口发生燃爆事故[11]。上述事故或事件发生后,我国和日本均停止了沥青固化生产线的使用。

相关文献对沥青固化安全防火和防燃爆进行了研究,并提出了具体的防范措施和运行参数[55-56]。对含有大量硝酸钠的浓缩液,为防止沥青固化过程发生火灾或燃爆,建议沥青固化过程温度不超过180 ℃,废物在沥青中应分布均匀,局部盐的质量分数不超过60%[53]。

(2)聚乙烯固化(或聚氯乙烯)

聚乙烯通常分为低密度和高密度两大类。适于放射性废物固化处理的是易于加工的低密度聚乙烯,最好采用具有低熔化温度的低密度聚乙烯,以避免放射性核素的挥发。

由于聚乙烯属于热塑性材料,因此聚乙烯固化与沥青固化法类似,即将放射性废物与聚乙烯颗粒加入固化系统(如螺杆挤压机、刮膜蒸发器或釜式反应器),加热至180 ℃左右,聚乙烯在熔融状态下与废物均匀混合,待废水中水分蒸干后,混合物注入废物储存桶冷却。

20世纪60年代末70年代初,美国橡树岭国家实验室围绕聚乙烯固化开展了很多研究,固化主要采用薄膜蒸发器,固化工艺流程如图1-13所示。研究中对有机废物、硼酸钠废物及中放废液(含钠、钾的硝酸盐和亚硝酸盐蒸残液)开展了聚乙烯和沥青固化的比对试验。研究结果表明:聚乙烯固化有机废物不需要添加外加剂,对TBP的质量包容量高达50%,沥青固化中TBP的质量包容量约为25%;聚乙烯固化无机氧化性盐的质量包容量也可达到40%~50%,沥青对无机氧化性盐的质量包容量为60%[17]。

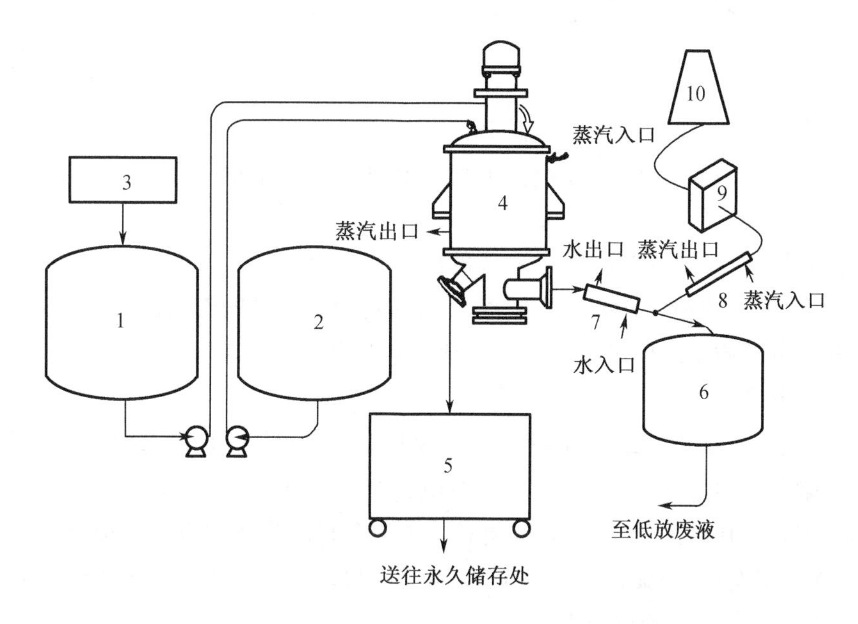

图1-13 美国橡树岭国家实验室塑料固化工艺流程

1—中放废液储槽;2—塑料储槽;3—来自W-10槽;4—薄膜蒸发器;
5—固化产物桶;6—冷凝液槽;7,8—冷凝器;9—绝对过滤器;10—烟囱

日本原子能研究所(JAERI)和美国布鲁克海文国家实验室(BNL)采用低密度(密度为0.917 g/cm^3)聚乙烯,研究了蒸发浓缩液、废树脂和滤渣等废物的螺杆挤出机固化工艺。前西德卡尔斯鲁厄核研究中心采用聚氯乙烯固化TBP废溶剂,废物质量包容量为40%~50%[25]。图1-14为日本开发的聚乙烯(或聚氯乙烯)固化工艺流程示意图,该技术采用螺杆挤压工艺,对废树脂的质量包容量为50%。固化过程包括废物的脱水干燥、废物干粉与聚乙烯颗粒的混合和聚乙烯熔融、螺杆挤出机产出固化产品(块状或颗粒)。预先脱除废物中的水分,可以防止废物与熔融聚乙烯在挤压混合过程中发泡。采用聚乙烯生成块状固化体,熔融温度为160 ℃左右;采用聚氯乙烯生成粒状固化体,熔融温度为90 ℃左右[50]。

前西德WAK后处理厂采用聚氯乙烯固化废TBP溶剂,在固化过程中,TBP类似于一种

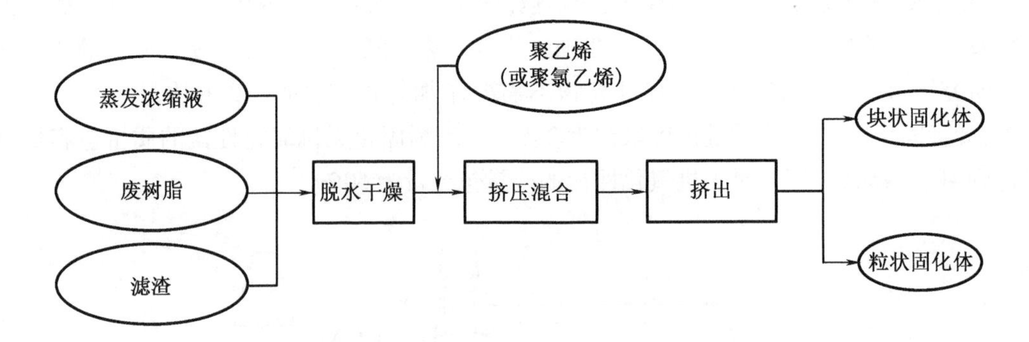

图1－14　日本开发的聚乙烯(或聚氯乙烯)固化示意图

增塑剂,扩散到聚氯乙烯颗粒间,最后形成的固化体具有类似于橡胶的机械性能。废溶剂的包容量与聚氯乙烯的相对分子质量有关,较大相对分子质量的聚氯乙烯对 TBP 的包容量较高,较小相对分子质量的聚氯乙烯可在常温下与 TBP 快速混合。

(3)聚苯乙烯固化

聚苯乙烯固化常以对－二乙烯苯作为交联剂,以偶氮双异丁腈或过氧化苯甲酰作引发剂,以聚苯乙烯作固化基料。聚合可在室温或稍高温度下进行,废物的质量包容量可达30%～70%,聚合固化时间约1～2 d或更长。工艺条件取决于引发剂的类型和用量,如采用过氧化物作为引发剂时,聚合温度约60℃,固化速度较快。该固化工艺条件简单,适合于有机溶剂 TBP 和废树脂的固化处理[22]。

法国、前西德和荷兰一些核电站用移动式聚苯乙烯固化装置,用以处理核电站产生的有机废物。移动式聚苯乙烯固化的主要工艺流程是:将经脱水处理后的废树脂通过真空泵输送到固化容器中,将苯乙烯、催化剂和添加剂在混合器中混合均匀后,缓慢加入装有废树脂的固化容器中,待硬化后在上表面浇注混凝土并封盖。移动式固化装置安装在8.0 m×2.0 m×3.5 m的大型卡车上,可方便到达需要处理废物的核电站,三个月时间就可以将一座核电站一年产生的60 m^3废树脂处理完[50]。

3.塑性材料固化废物体的优缺点及安全性

(1)优点

采用塑性材料固化放射性废物具有其自身的优点:

①固化体废物质量包容量高,可达70%;固化体的密度低,仅为1～1.8 g/cm^3;

②塑性材料固化体的高包容量和低密度,大大降低了固化体运输和处置的费用;

③固化体中核素浸出率低,通常比水泥固化体低2～4个数量级;

④固化体具有较好的机械强度和抗辐射性能，吸收剂量达 1.0×10^7 Gy 时，性质仍稳定，塑性材料有较好的耐酸、碱和有机物腐蚀的能力。

(2)缺点

另一方面，该固化技术因受固化基料本身特性的影响，也存在一些明显不足：

①固化剂成本和固化工艺运行费用较高；

②在很多情况下，废物需要预先脱水后才能固化；

③固化体中残留水分会影响固化体的物理完整性；

④固化体在处置条件下的长期环境行为不明；

⑤塑性材料固化工艺的安全性是限制该技术在国内外推广应用的因素之一。

(3)安全性

塑性材料固化的安全性主要包括两方面，一是固化过程的安全性，二是废物运输、储存和处置期间废物体的安全性。固化过程的安全性主要是指固化产品生产过程中的燃爆风险和放射性污染事故，该方面的安全性主要考虑热塑性固化，只有该固化工艺要求在高温下操作；而热固性固化可在室温或较低温度下完成。运输、储存和处置期间的安全性主要是指在上述三个过程中废物固化体是否发生燃爆或放射性污染，与废物固化体相关的安全性能要求有固化体的热稳定性、辐照稳定性、机械性能和抗浸出性等[57]。

1.3.2 玻璃固化

玻璃固化是把废物掺在玻璃基料中形成玻璃状固化体的一种废物处理技术。与传统的水泥固化、塑性材料固化技术相比，玻璃固化的技术条件相对复杂，处理成本高。该处理技术目前主要用于乏燃料后处理产生高放废液的固化处理。法国最早于1978年在马库尔正式投入第一台高放废物玻璃固化设施[58]。为减少废物体积，节约废物的处置成本，20世纪90年代初，美国和法国对废树脂的玻璃固化处理技术进行了研究[4]。玻璃固化是对树脂的无机化处理过程，包括废树脂在400～800 ℃ 高温下的分解/氧化和氧化粉末的玻璃固化两个过程。韩国电力公司在法国马库尔利用小规模冷坩埚开展了玻璃固化高减容处理技术研究，对离子交换树脂、可燃干废物和含硼浓缩液进行了模拟固化[58]。21世纪初，浙江大学对核电站废树脂的玻璃固化的可行性进行了初步研究。由于玻璃固化建设费用和运行成本相当高，截至目前，该技术主要用于高放废液的处理。

1.3.3 水泥固化

水泥固化通常是将放射性废物、水泥基料、外加水和其他固化外加剂混合搅拌为均匀的水泥浆体，在合适的养护条件下，经过不少于28 d的养护后形成坚硬的废物固化体。水泥固化的工艺流程如图1－15所示,可以看出,水泥固化的主要过程包括废物和各种固化物料的计量,加料和混合搅拌,水泥浆体的凝结和养护。根据搅拌和加料方式的不同,水泥固化技术可以分为桶外搅拌、桶内搅拌、水泥浆浇注和水力压裂四种工艺。

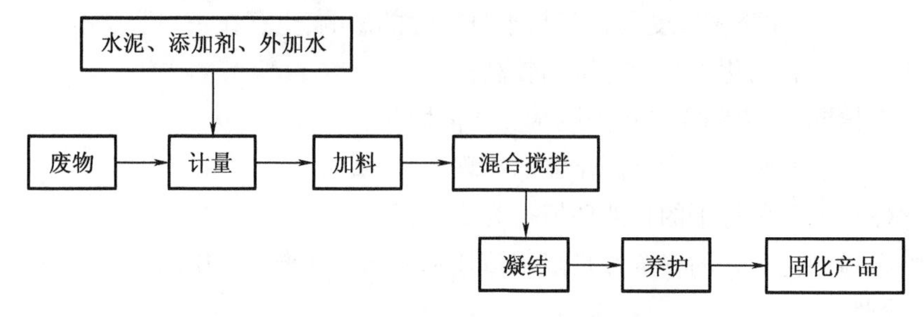

图1－15　废物水泥固化工艺流程图

与其他固化处理技术相比,水泥固化处理技术具有明显的优势。综合国内外的报道,水泥固化主要具有如下优点[2,4,24,25,59]:

①设备简单,生产能力大,处理过程时间短;

②投资和运行费用低;

③固化基料和外加剂易得;

④固化技术和材料已被熟练掌握;

⑤常温工艺条件,无高温操作和有毒有害风险;

⑥固化过程二次污染少;

⑦固化体结构密实,具有良好的机械性能;

⑧固化体的耐辐照和抗生物侵蚀性好;

⑨能够实现大多数液体废物和固体废物的固化/固定处理;

⑩自屏蔽效应好。

鉴于在技术、经济和安全等方面具有明显的优势,水泥固化被广泛应用于危险废物、放射性废物、混合废物等各类废物的固化/固定处理。但是,该处理技术最突出的不足是废物的包容量低,固化产生废物体增容较大。

表1－2汇总了上述几种废物固化处理技术的主要技术内容和优缺点,并进行了综合分析。

表1-2 废物固化处理技术汇总表[5,15,22,49,51]

序号	固化技术	固化基料	主要工艺参数	适用对象	优势	不足
1	水泥固化	• 波特兰水泥； • 波特兰水泥渣； • 波特兰火山灰水泥； • 波特兰硅酸盐水泥体系； • 硫铝酸盐水泥体系等	—水灰比； —废灰比； —加料顺序； —搅拌速度； —搅拌时间等	—蒸残液； —废离子交换树脂； —淤泥； —焚烧灰	—技术成熟，固化基料易获得； —与多数废物具有很好的兼容性； —成本低； —不需要高温操作，工艺安全； —有很好的自屏蔽能力； —良好的机械性能； —放射性核素浸出低； —凝结和固化速度快，可控； —无二次废物和尾气处理问题	——一些废物组成影响水泥浆的流动性； —废物需要预处理，如pH值调节，蒸发浓缩等； ——一些固化体遇水后可能出现膨胀或破裂； —水泥水化过程出现的过热现象
2	塑性材料固化	热塑性材料：沥青	—废物预处理工艺参数，如脱水/干燥，pH值调节； —沥青类型及用量； —加热熔融温度； —蒸发相关参数； —螺杆挤出控制参数	—蒸残液； —废离子交换树脂； —淤泥； —焚烧灰	—技术成熟，固化基料易获得； —与多数废物具有很好的兼容性； —对液体废物可实现废物减容； —无游离液体； —不涉及化学反应； —沥青固化基料价格低； —核素的浸出性特别低	—沥青可燃，在一定温度下可以自燃； —受固化体机械性能的限制，沥青对盐的包容量有限； —遇水后可能发生膨胀； —固化过程中产生放射性气体； —沥青受热后可能熔融； —固化过程有一定的温度要求； —固化装置造价高
3		热塑性材料：聚乙烯	—废物预处理工艺参数，如脱水/干燥，pH值调节； —固化基料类型； —废物包容量； —反应釜控制参数； —蒸发工艺参数； —螺杆挤出控制参数	—有机废物； —蒸发浓缩液（硼酸盐、亚硝酸盐等）； —废离子交换树脂； —滤渣； —化学泥浆	—适用于多种类型废物； —废物包容量高； —不涉及化学反应； —核素的浸出性较低	—高温熔融操作； —遇水后可能发生膨胀； —固化过程中产生放射性气体； —固化装置造价高

表 1-2(续)

序号	固化技术	固化基料	主要工艺参数	适用对象	优势	不足
4	塑性材料固化	热固性材料：脲醛树脂	—甲醛溶液温度； —加脲速率； —硬化剂的类型和用量； —添加剂的类型和用量； —体系的 pH 值控制； —废物的包容量	—有机废液； —蒸残液； —颗粒状固体废物； —废滤材； —泥浆	—设备简单； —操作安全； —处理费用低； —废物包容量较高	—游离液体； —酸性体系对固化容器有较强的腐蚀； —与有机废物的兼容性差； —整个工艺需要搅拌； —核素浸出性较高； —固化体机械性能较低
5		热固性材料：聚酯类	—废物预处理工艺参数，如脱水/干燥，pH 值调节； —引发剂类型及用量； —促进剂类型及用量； —废物包容量； —聚合温度； —聚合搅拌工艺参数	—废离子交换树脂； —浓缩液； —其他类型干废物	—适合于固化废物和液体废物； —无游离液体； —核素浸出性较低； —良好的机械性能； —良好的耐辐照性； —适用于移动式处理装置	—固化基料的保存期有限； —固化介质，包括基料、促进剂、催化剂具有危险性； —废物组成对聚合过程的不利影响
6	玻璃固化	玻璃基料：根据固化对象的不同，基料组成各有差异，如对核电站含硼浓缩液的玻璃固化基料，只需要加入二氧化硅和外加剂，而不需要加入钠和硼	—树脂脱水/干燥； —树脂氧化分解温度； —氧化分解炉灰与玻璃基料的比例； —炉灰与玻璃基料熔融条件控制	—高放废液； —低中放浓缩液； —废树脂； —焚烧灰	—能实现固化减容； —与废物兼容性好； —核素浸出非常低； —良好的热稳定性； —良好的化学稳定性	—高温操作； —设备和装置昂贵； —设备和工艺条件复杂； —废物体机械性能差

参考文献

[1] 罗上庚. 放射性废物概论[M]. 北京:原子能出版社,2003.

[2] SPENCE D R S C. Stabilization and Solidification of Hazardous, Radioactive, and Mixed Wastes[M]. Washington D. C.: CRC, 2005.

[3] International Atomic Energy Agency. Radioactive Waste Management Glossary[R], STI/PUB/1155, 2003.

[4] 范智文. 放射性废树脂水泥固化体性能[D]. 北京:清华大学,2003.

[5] 车春霞,滕元成,桂强. 放射性废物固化处理的研究与应用现状[J]. 材料导报,2006,20(2):94－101.

[6] 郑瑞堂. 我国沥青固化热试车首次成功[J]. 原子能科学技术,1986,1(20).

[7] 郑瑞堂,张铁松,顾胜德. 沥青固化车间冷试车总结[J]. 原子能科学技术,1984,3:289－341.

[8] 郑瑞堂,张铁松,顾胜德. 中放废液沥青固化装置热试验[J]. 核科学与工程,1989,9(1):66－75.

[9] 刘秀春,冯光忠,祁光茂. 中放废液沥青固化设施安全评价[J]. 原子能科学技术,1991,25(6):43－48.

[10] 张积舜,陈竹英,陈百松. 沥青及其固化产品的辐照效益[J]. 辐射防护,1982,5:389－395.

[11] 郭志敏. 沥青固化处理放射性废液的工程运用[M]. 北京:原子能出版社,2009.

[12] 林良元. 沥青固化低放废液的试生产[J]. 原子能科学技术,1998,32(suppl.):37－71.

[13] 王显德,孙明生. 十年来低中水平放射性废液处理技术的研究和发展[J]. 核化学与放射化学,1990,12(2):65－71.

[14] 罗上庚. 我国放射性废物处理与处置技术十年进展[J]. 核科学与工程,1991,11(1):85－92.

[15] 王凤祥,卓宗亮,冯声涛. 中低放废物的塑料固化法[J]. 核防护,1978,3:52－63.

[16] 阎可智,范显华,廖元宗. 聚合物固化核电站废树脂中间装置研究[J]. 中国原子能科学研究院年报,1987:128－129.

[17] 杜大海,蔚鹏. 脲醛树脂固定模拟放射性废物[J]. 核科学与工程,1986,6(1):82－87.

[18] 龚立,杜大海,程理. 不饱和聚酯固化模拟放射性废物的可行性研究[J]. 辐射防护,1991,11(5):352－364.

[19] 冯声涛,张秀莲. 不饱和聚酯树脂固化法研究[J]. 辐射防护通讯,1981,6:13－22.

[20] 范显华,林美琼,李华芝. 聚酯固化放射性废树脂的研究[J]. 原子能科学技术,1994,

28(4):348-355.

[21] 经维瑄,张银生,钱文菊. 放射性固体废物塑料固化技术研究[J]. 上海环境科学,1994,13(6):1-4.

[22] 罗上庚. 塑料固化处理放射性废物[J]. 化学世界,1985,11:428-430.

[23] 胡修珍. 聚氯乙烯塑料固化物的辐照效应[J]. 辐射防护,1982,7:292-295.

[24] 沈晓冬,严生,吴学权,等. 放射性废物水泥固化的理论基础、研究现状及对水泥化学研究的思考[J]. 硅酸盐学报,1994,22(2):181-187.

[25] 王锡林. 放射性废物的水泥固化译文集[G]. 北京:原子能出版社,1982.

[26] 徐素珍,徐国文,陈竹英. 桶内搅拌水泥固化实验装置[J]. 辐射防护,1985,5(2):105-111.

[27] 徐素珍,陈竹英,徐国文. 放射性化学沉淀泥浆水泥固化研究[J]. 辐射防护,1986,6(2):96-100.

[28] 王韧,杨景田. 压水堆核电站放射性废液的水泥固化研究[J]. 辐射防护,1982,2(5):352-360.

[29] 吴天宝,王韧. 用聚合物浸渍混凝土固化中放废物的研究[J]. 原子能科学技术,1983(1):35-38.

[30] 吴天宝,王韧,叶裕才. 用聚合物浸渍氚化混凝土固化含氚废水[J]. 辐射防护,2:145-150.

[31] 徐素珍,汪书卷,周青. 含氚废水水泥固化实验研究[J]. 原子能科学技术,1992,26(1):15-20.

[32] 徐素珍,汪书卷,周青. 含氚废水水泥固化的工艺及设备[J]. 辐射防护,1995,15(2):143-146.

[33] 陈百松,陈竹英,曾继述. 中放废液大体积浇注水泥固化配方研究[J]. 辐射防护,1989,9(2):110-115.

[34] 陈竹英,陈百松,曾继述. 中放废液水泥固化大体积浇注工艺可行性探讨[J]. 原子能科学技术,1988,22(6):664-668.

[35] 杜大海,龚立,程理. 大体积浇注水泥固化有机废液的配方研究[J]. 辐射防护,1992,12(5):364-372.

[36] 陈竹英,黄卫岚,张国清. 30% TBP-煤油有机废液水泥固化配方研究[J]. 原子能科学技术,1991,25(4):74-78.

[37] 龚立,程理,郑军华,等. 压水堆核电站产生的硼酸废液和浓缩液的水泥固化研究[J]. 辐射防护,1995,15(1):33-41.

[38] 郑军华,龚立,程理. 硼酸废液水泥固化配方与高减容技术初探[J]. 上海环境科学,1998,17(2):35-39.

[39] 魏保范,李润珊. 反应堆放射性含硼废液固化的研究[J]. 南开大学学报(自然科学),

1995,28(3):71 -75.
[40] 放射性废物管理及核设施退役:低放含硼废液高效率固化技术的开发与应用[J]. 放射性废物管理及核设施退役,1998:6.
[41] 中华人民共和国国家履约报告编写组. 乏燃料管理安全和放射性废物管理安全联合公约,第五次审议会议国家报告(报批稿)[R]. 北京:中国辐射防护研究院,2014.
[42] 周耀中,叶裕才,云桂春,等. 特种水泥固化放射性废离子交换树脂的初步研究[J]. 辐射防护,2002,22(4):225 -230.
[43] 周耀中. 放射性废离子交换树脂的水泥固化技术研究与机理探讨[D]. 北京:清华大学核能设计研究院,2002.
[44] 李俊峰,王建龙,赵璇,等. 模拟放射性树脂特种水泥固化提高包容量的研究[J]. 原子能科学技术,2004,38,Suppl:139 -142.
[45] 岭东核电有限公司. 岭澳二期 TES 系统改造后情况汇报[R]. 北京,2011.
[46] 郭喜良,范智文,李洪辉,等. 国标 GB 14569. 1—1993 修订中的问题和思考[J]. 辐射防护通讯,2009,29(4):15 -17.
[47] 范智文,郭喜良,冯声涛. 放射性废物固化体抗浸出性快速测定方法探讨[J]. 原子能科学技术,2007,41(5):540 -545.
[48] 李金惠,杨连威. 危险废物处理技术[M]. 北京:中国环境科学出版社,2006.
[49] 冯声涛. 法国放射性废物管理近况[J]. 原子能科学技术,1988,22(6):749 -754.
[50] 李全伟. 低中放废物的固定化[D]. 西南科技大学,2014.
[51] M FUHRMANN R J, COLOMBO P. A Survey of Agents and Techniques Applicable to the Solidification of Low - Level Radioactive Wastes,BNL -51521[R], 1981.
[52] 雷汉声. 苏联沥青固化间歇装置的经验[J]. 国外核新闻,1981,10:23 -25.
[53] 虞贻良. 苏联核电站废物处理[J]. 国外核新闻,1990,9:26 -27.
[54] 虞贻良. 东海村后处理厂废液和淤渣的固化[J]. 国外核新闻,1988,3:24.
[55] 王汝梅,高立. 核电站液体放射性废物沥青固化和沥青固化物储存中的安全防火问题[J]. 国外核新闻,1987,10:27 -28.
[56] 俞马宏. 沥青和盐混合物的热危险性研究[D]. 南京:南京航空航天大学,2002.
[57] 杜大海. 中、低放塑料固化法简介[J]. 辐射防护通讯,1981,14:12 -16.
[58] 罗上庚. 玻璃固化国际现状及发展前景[J]. 硅酸盐通报,2003(1):42 -48.
[59] 谭宏斌,李玉香. 放射性废物固化综述[J]. 云南环境科学,2004,23(4):1 -3.

第2章　水泥固化材料

水泥是一种细末材料,加入适量水后成为塑性浆体,既能在空气中硬化,也能在水中硬化,并能把砂、石等材料牢固地黏结在一起,形成坚固的水硬性胶凝材料[1]。因此,在合适的配方组成和工艺操作条件下,水泥可通过化学反应或物理包封的方式将废物固化/固定为坚硬的废物体。水泥对废物实现稳定化处理的主要过程是水泥的水化反应,常用的水泥基料有硅酸盐水泥(即波特兰水泥系列)、火山灰水泥和高铝水泥等。为改善废物固化体性能和提高废物包容量,水泥固化过程通常需要添加不同类型的外加剂。

2.1　水泥凝结和硬化原理

水泥与水以合适的比例混合搅拌后生成一种可塑性浆体,将浆体浇注到适当的模具中,经过初凝和终凝过程变得更加紧密。在此过程中,浆体将失去可塑性并具有疏松似泥土的稠度,之后,经过继续的物理和化学变化,强度增长逐渐变成硬固体,即废物固化体[2]。在养护期满脱模后,固化体的底部或侧面往往会生成一层有光泽的、致密的钝化膜。最新研究表明,该钝化膜含有 Si－O 键,对固化体的内部结构具有很强的保护作用。但是,该钝化膜只有在强碱性条件下是稳定的,当 pH 值小于 11.5 时,钝化膜开始不稳定。当 pH 值小于 9.88 时,很难生成钝化膜。普通硅酸盐水泥呈碱性,通常硬化后的硅酸盐水泥体系的 pH 值超过 12.5,有时可能达到 13.5。需要指出的是,氯离子是极强的去钝化剂[3],因此我国相关标准要求对废物固定体须进行抗氯离子渗透测试[4]。

在早期,巴依可夫将水泥硬化过程分为三个时期,即溶解期(诱导期)、胶化期(凝结期)和结晶期(硬化期)[2]。

①溶解期(诱导期)是指水与水泥颗粒接触时,水泥颗粒表面立即发生化学反应,反应产物溶解于水,水泥颗粒表面又暴露出一层新的表面,继续与水反应,此溶解作用一直进行到水泥颗粒周围的液体都成为反应产物的饱和溶液为止。在此期间,水泥颗粒只有很少一部分与水作用。

②胶化期(凝结期)是指水与水泥继续反应,水泥颗粒周围溶液已经饱和,反应产物不能继续溶解于水,而是以极细的固体颗粒析出生成凝胶,并使水泥浆逐渐失去流动性和可塑性,逐渐凝结。该过程将释放出热量,使反应体系温度升高,即通常所说的水化热。

③结晶期(硬化期)是指水泥浆由凝胶转成晶体,生成紧密交织的结构框架,体系的强度逐渐增大。

在水泥硬化过程中,上述三个时期是交替进行的。全部液体尚未饱和时颗粒表面上已开始析出胶体并随即结晶。易溶的化合物(氢氧化钙、水合铝酸钙)已进行再结晶时,难溶化合物(水化硅酸钙)还处于胶体状态。此外较小的颗粒已完全水化结晶,较大的颗粒大部分还未水化,水泥硬化过程是逐渐进行的。因此,水泥机械性能要求在规定的养护期满后进行测定。

后期,列别捷夫对上述理论进行了补充,将胶化期分为两个过程,即胶化(大颗粒分散成小颗粒)和凝聚(胶体颗粒互相凝结)。胶化是水泥与水发生吸附分散和化学分散的结果。水泥加水后,在颗粒表面上存在很多小裂缝,水分子进入裂缝类似楔子作用,使水泥颗粒分散,这种现象叫作吸附分散。经水化作用生成水化物晶体,由于晶体增加,引起晶体内部应力而出现许多裂纹,与多晶体变形情况类似,体积增加而使晶体变成粉状,这种现象叫作化学分散。凝聚过程是由于分散作用的继续进行,单位体积水泥浆内颗粒数目不断增加,由于布朗运动,颗粒相互撞击,在分子作用力下(范德华力)相互连接形成凝结的水泥浆并失去流动性[2]。

水泥凝结和硬化是一个物理化学过程,主要是水合作用过程。室温下,经充分水合作用的普通硅酸盐水泥浆由 50% ~60% 的 C - S - H 凝胶,20% ~25% 的 $Ca(OH)_2$,15% ~20% 的钙矾石(高硫型水化硫铝酸钙,简记为 AFt)和单硫型水化硫铝酸钙(简记为 AFm)组成(干质量百分比),同时,生成少量的次要水合产物,如 $Ca(OH)_2$,$3CaO \cdot Al_2O_3 \cdot 6H_2O$ 和 AFt,这与胶凝材料的组分和水合条件有关[4]。硬化的水泥浆是一个非均相的多相体系。不同类型水泥的水合作用可以用化学反应式(1) ~ (6)表示[2,4]。

$$\underset{\text{硅酸三钙}}{2(3CaO \cdot SiO_2)} + 6H_2O \rightarrow \underset{\substack{\text{水化硅酸钙} \\ \text{(C - S - H胶体)}}}{3CaO \cdot 2SiO_2 \cdot 3H_2O} + 3Ca(OH)_2 \tag{1}$$

$$\underset{\text{硅酸二钙}}{2(2CaO \cdot SiO_2)} + 4H_2O \rightarrow \underset{\substack{\text{水化硅酸钙} \\ \text{(C - S - H胶体)}}}{3CaO \cdot 2SiO_2 \cdot 3H_2O} + Ca(OH)_2 \tag{2}$$

$$\underset{\text{铝酸三钙}}{3CaO \cdot Al_2O_3} + \underset{\text{石膏}}{3(CaSO_4 \cdot 2H_2O)} + 26H_2O \rightarrow \underset{\text{三硫型水化硫铝酸钙}}{3CaO \cdot Al_2O_3 \cdot 3CaSO_4 \cdot 32H_2O} \tag{3}$$

$$\underset{\text{三硫型水化硫铝酸钙}}{3CaO \cdot Al_2O_3 \cdot 3CaSO_4 \cdot 32H_2O} + \underset{\text{铝酸三钙}}{2(3CaO \cdot Al_2O_3)} + 4H_2O \rightarrow \underset{\text{单硫型水化硫铝酸钙}}{3(3CaO \cdot Al_2O_3 \cdot CaSO_4 \cdot 12H_2O)} \tag{4}$$

$$\underset{\text{铝酸三钙}}{3CaO \cdot Al_2O_3} + 12H_2O + Ca(OH)_2 \rightarrow \underset{\text{铝酸四钙水化合物}}{3CaO \cdot Al_2O_3 \cdot Ca(HO)_2 \cdot 12H_2O} \tag{5}$$

$$\underset{\text{铁铝酸四钙}}{4CaO \cdot Al_2O_3 \cdot Fe_2O_3} + 10H_2O + Ca(OH)_2 \rightarrow \underset{\text{水化铁铝酸六钙}}{6CaO \cdot Al_2O_3 \cdot Fe_2O_3 \cdot 12H_2O} \tag{6}$$

由上述化学反应可以看出，水泥中的硅酸三钙（$3CaO \cdot SiO_2$，简记为 C_3S）和硅酸二钙（$2CaO \cdot SiO_2$，简记为 C_2S）与水发生水合作用形成硅酸钙水合胶体（C－S－H 胶体）和$Ca(OH)_2$。在硫酸钙（石膏）存在的情况下，铝酸三钙（$3CaO \cdot Al_2O_3$，简记为 C_3A）发生水合反应生成三硫型水化硫铝酸钙（$3CaO \cdot Al_2O_3 \cdot 3CaSO_4 \cdot 32H_2$，简记为 AFt），或 AFm。在没有硫酸钙存在的情况下，C_3A 与水和氢氧化钙发生水合反应形成铝酸四钙水合物［$3CaO \cdot Al_2O_3 \cdot Ca(HO)_2 \cdot 12H_2O$］。铁铝酸四钙与水反应生成水化铁铝酸六钙水合物（$6CaO \cdot Al_2O_3 \cdot Fe_2O_3 \cdot 12H_2O$）。综上所述，普通硅酸盐水泥与水反应生成典型的C－S－H胶体和氢氧化钙，是强碱性的体系。随着水泥熟料组成的不同，水化产物的结构和组成也各有不同。

2.2 水泥与废物的作用机理

2.2.1 水泥固化/固定机制

危险废物、放射性废物、混合废物等多种不同类型的废物均可通过水泥固化/固定技术进行处理。其中无机废物与水泥基料具有较好的兼容性，如核电站含硼浓缩液；有机化合物对水泥固化/固定处理具有干扰性，但是实践中仍有采用水泥固化有机废物的实例，如核电站含硼废离子交换树脂的水泥固化处理。废物与水泥相互作用的讨论主要关注废物组成对水泥水化作用的影响，如初凝、终凝及抗压强度和体系的耐久性等。

水泥固化/固定产物是一个密度大、孔隙率小的物理结构，其对放射性核素形成了有效的阻滞和屏蔽。水泥水化产物以凝胶体、亚微观晶体、大晶体的形式存在，与水泥、水和孔隙气泡形成了固、液、气的多相多孔体系，该体系称为水泥石。水泥石的孔隙主要由凝胶孔、毛细孔和非毛细孔组成。凝胶孔的大小为 0.3～1.0 μm，水泥硬化初期多为封闭的，后期孔隙率将逐渐增大。当水泥硬化到一定程度后，水泥石内部出现毛细孔。该孔隙的形成与水灰比有关，初始水灰比越大，毛细孔越大，随着后期水灰比的减小，孔隙率将下降。非毛细孔主要是指水泥石内部缺陷和微裂缝，可能由水泥石的收缩、温湿度的变化等引起[3]。该类孔隙对固化体性能是不利的。

如 2.1 节所述，普通硅酸盐水泥体系水化作用，可以使水泥石孔隙保持在高 pH 值环境。在这样的碱性条件下，废物与水泥的作用机理可概括为三个过程：

①水泥对废物的物理包容；

②水泥对水合产物的吸附；

③废物在碱性条件下发生沉淀，之后被水泥水合产物吸附或被物理包容。

一般情况下，这三个作用是同时存在的。碱性条件下发生沉淀后的吸附或物理包容多适用于危险重金属废物，对放射性废物，主要涉及物理包容和吸附。

1. 物理包容

通常,多数废物均可以通过物理包容的方式进行水泥固化/固定,如废离子交换树脂、焚烧灰、废吸附剂(如重水堆蒸汽回收系统的除含氚废分子筛)和沉淀预处理产生的淤泥等。物理包容过程中,废物中的可溶性或微溶性物质可能与水泥发生某种程度的反应。例如,焚烧灰中含有的可溶性物质(如氯化物和硫酸盐)和微溶物(如氧化物)将不同程度地参与水泥的水化反应。可溶性物质可在物料混合过程或混合后很快溶解,与水化产物进行反应;微溶物质可能在水泥硬化和养护阶段,逐渐溶解参与二次水化反应。前述过程均与体系的反应动力学有关。在水泥孔隙溶液中,许多磷酸盐、碳酸盐、硅酸盐、硫化物和氢氧化物的溶解性很小。一些具有火山灰活性(所谓火山灰活性是指火山灰中含有较高的活性二氧化硅或活性氧化铝等活性组分,这些组分可与水泥水化产物氢氧化钙反应,生成水化硅酸钙、水化铝酸钙或水化硫铝酸钙等,引起二次水化反应,称其为使火山灰具有一定的天然活性。)的微溶氧化物,如 SiO_2,Al_2O_3 等,也可以很快与水化产物发生反应,生成水泥胶凝产物。溶解性差的有机液体也可以被水泥包容,由于有机物与水泥的兼容性较差,对该类废物的包容效果不理想。

2. 被水泥水化产物吸附

如 2.1 节所述,硅酸盐水泥的主要水化产物有:50% ~60% 的 C-S-H 凝胶,20% ~25% 的 $Ca(OH)_2$,以及铝酸钙-铁酸盐的水合物、硫铝酸钙、钙矾石(AFt)和 AFm 等。废物组成可通过置换水化产物中的相关离子,或在 C-S-H 的表面吸附而被吸收。研究表明,当废物组成浓度较低时,以表面吸附为主;当废物组成浓度增大且表面吸附点达到饱和时,通过固溶体形式被水合产物吸收。对通过离子置换被吸附的,置换程度取决于废物离子与被置换离子的电荷、尺寸和几何形状的相似程度。

C-S-H 胶体几乎是无定形的,是一种短程有序的结构。通常假设该有序结构由 SiO_4 四面体链和片组成,面与面间的夹层中为 CaO。其中 SiO_4 四面体可以缺失或被代替(如被 AlO_4 代替),这可能导致体系局部电荷失衡,产生一些电位结合位点。已报道的试验结果表明,水化硅酸钙有很强的使 Ca 与 Co,Ni,Cu 和 Mg 等进行置换的能力,即在 C-S-H 的 CaO 夹层中可能发生阳离子交换。Mg 与 Ca 的置换现象表明,其他碱土元素,如 Sr,也可能代替 Ca 而被水化产物吸附。

水化产物的聚合程度是随时间逐渐增强的,C-S-H 中的 Ca 含量也是变化的,对低 $n(CaO)/n(SiO_2)$(摩尔比),阳离子可被 C-S-H 直接吸收后结合到硅酸盐层,而不是通过与 Ca 的置换,这种吸收机理是一种结合而不是置换。

如前所述,水化胶凝体系可能存在局部电荷失衡,因此,C-S-H 可能把阴离子吸附到它的结构中。如 2.1 节化学反应式(3)和(4)所示,根据熟料组成的不同,可形成水合硫铝酸钙体系,可将其分子式简化为 $C_6(A, F)X_3 \cdot H_y$(称为 AFt)和 $C_4(A, F)X \cdot H_y$(称为 AFm),其中 X 代表一个分子单位的二价阴离子,或两个一价阴离子。AFt 整体为柱状结构,其中

$C_6(A, F)$为柱状,$X_3 \cdot H_y$为通道。AFm 的结构为六边形盘状 $Ca(OH)_2$的衍生物,包括层状的 $C_4(A, F)$和多层状的 $X \cdot H_y$。由其结构分析可以看出,AFt 和 AFm 都可以吸收不同的阴离子而不改变它们的结构。文献表明,AFt 和 AFm 对含氧阴离子具有较好的吸附能力,证明 CrO_4^{2-} AFt 和 CrO_4^{2-} AFm 是很容易生成的。

对 $CaO - SiO_2 - Al_2O_3$水化体系,当 Al_2O_3含量低且 SiO_2与 CaO 含量几乎相等时,体系的物理结构类似于沸石,该体系可以实现对 Cs 的最大吸附。

综上所述,一方面,废物组成会对水泥水化过程产生干扰,影响废物的固化处理过程,如对固化产物的耐久性和抗浸出性等有明显的影响,因此应在固化配方研制中给予充分考虑;另一方面,在大多情况下,废物是通过物理包容或吸附形式被固化/固定,废物与水泥体系之间的相互作用,将会影响废物体的微观结构,但对废物体的整体物理结构特性不会产生影响。

2.2.2 废物或外加剂引入对水泥水化过程的影响

如2.1节所述,水泥水化作用可简化为水泥颗粒表面的溶解和水化产物的沉淀及硬化。不同类型的废物或外加剂,可能与固化基料发生不同的反应,进而可能改变水泥的正常水化过程。通过改变孔隙溶液的化学特性,如 pH 值、离子强度、化学组成等,可能改变:水泥颗粒表面的溶解性和溶解动力学;水化产物的生成速率;水化产物的组成;水化产物的形态。

上述影响往往与废物或外加剂的浓度有关,但也可能随着固化养护条件的变化而不同。

水泥水化过程的两个物理表现为凝结和硬化,凝结可理解为“抗压强度没有明显增长的硬化”;硬化理解为“抗压强度有明显增长的过程”。废物或外加剂组成可能对上述两个过程产生如下干扰和影响:

①加速或催化凝结和硬化过程(包括瞬凝,在这一过程中,固化基料在混合后立即消失其可塑性);

②延滞凝结或硬化(包括水化作用的完全抑制);

③假凝结(在这一过程中,固化基料的可塑性在经混合后很快消失,但再经混合后可以恢复);

④改变外加水的用量;

⑤增加或降低固化体的机械性能(包括固化体物理结构的破坏);

⑥改变水泥石孔隙溶液的组成。

从工程应用角度出发,促凝和假凝现象可能增加固化的操作难度,难以混合均匀,或导致设备故障。在放射性废物处理过程中,无机物和有机物组成会对水泥水化过程产生影响,下面对此作简要介绍。

1. 无机化合物的影响

(1)碱性碳酸盐

碱性碳酸盐对水泥凝结有明显的干扰,当碱性碳酸盐含量小于0.1%时,可以延滞普通硅酸盐水泥的凝结;但其含量增加到一定程度时,则会出现瞬凝现象;之后,随着含量的继续增加,对凝结过程不再有影响。对出现该现象的解释是碱性碳酸盐加入后会生成碳硫硅钙石[$Ca_6(Al, Si)_2(SO_4)_2(CO)_3 \cdot (OH, O)_{12} \cdot 24H_2O$],而不是钙矾石[$Ca_6Al_2(SO_4)_3(OH)_{12} \cdot 26H_2O$]。

(2)钠盐和钾盐

钠盐和钾盐一般可以提高水泥石孔隙水溶液的 pH 值,使对 C_3A 水合过程有干扰的无定形 $Ca(OH)_2$生成沉淀,从而对水化过程起到促进作用。钠盐和钾盐也可以作为催化剂加入到含火山灰物质的水泥中,可以提高非水合相的溶解度。需要指出的是,有些盐在低浓度时对水化过程起促进作用,但在很高浓度时会起延滞作用,如 NaCl。

(3)硅酸钠

在废物固化处理中,硅酸钠是一种常用的外加剂。硅酸钠作为强碱性化合物,含有丰富的硅,可以用作火山灰质材料的促进剂或催化剂。硅酸钠具有很好的吸水性,可以用以消耗固化过程中多余的水分。硅酸钠在用以消耗多余水分的过程中会形成硅胶,当周围环境湿度发生变化时,会导致固化基体的膨胀或收缩,这对固化体的长期结构稳定性是不利的。

(4)硫酸盐

硫酸盐对硅酸盐水泥的水化作用也有影响。硫酸盐与 C_3A 和 C_4AF 反应会促进或延滞水化过程,其区别在于硫酸盐种类的不同或质量分数的差异。硫酸盐的存在,将导致水化产物生成石膏而不是钙矾石,或者延迟钙矾石的生成,引起假凝或促凝现象,上述影响对固化基体结构具有破坏作用。Zn 是硅酸盐水泥的延滞剂,因此,$ZnSO_4$对水化作用的影响需要考虑阴离子和阳离子的组合。研究发现,当 $ZnSO_4$的质量分数小于 2.5% 时是促进剂,当它的质量分数为 2.5% ~5.5% 时是延滞剂;当它的质量分数更大时可以完全阻止水化反应的进行。

(5)硼酸

硼酸对硅酸盐水泥的凝结起促进效应,但是对水泥硬化过程有很强的延滞作用。其主要原理是:一方面,废物中的硼酸和/或硼酸根离子与水泥水化反应的产物氢氧化钙会发生化学反应生成硼酸钙,该过程初始阶段对水化反应是有利的;另一方面,硼酸钙微溶于水,会包覆在水泥颗粒的表面,隔绝水泥颗粒与水的接触,使水泥的成分不易溶出继续进行水化反应,而且阻滞了水化产生胶体颗粒的聚集,产生所谓的固化阻滞效应,这也是硼酸被当作混凝土硬化阻滞剂的主要原理。该现象在很大程度会阻碍水泥水化反应,对废物水泥固化是不利的[5,6]。

压水堆核电站产生的低中水平放射性浓缩液和废离子交换树脂均含有较高浓度的硼,这些硼以硼酸或硼酸盐形式存在。为消除硼酸或硼酸根对水泥的不利影响,国内围绕改善硼酸废物水泥固化体的性能和工艺配方,开展了大量的基础性研究。研究提出的改进措施包括:①废液中加入 NaOH 中和至碱性后,再进行水泥固化;②加入少量石灰与硼酸反应以削弱硼酸的缓凝作用;③加入少量硅灰或硅酸钠以提高固化体的抗压强度[8]。

表2-1汇总了无机化合物对普通硅酸盐水泥体系水化作用的影响,表中所示的影响情况,也适用于其他类型的水泥体系。如表中所示的Zn^{2+},Pb^{2+},Cd^{2+}和Cr^{6+}等阳离子也可以降低碱活化矿渣水泥的机械强度。

表2-1　无机物对水泥水化作用的影响[4]

阳离子 阴离子	钠或钾		钙		镁		其他	
硅酸盐	$Na_2O \cdot xSiO_2$	A, D	$3CaO \cdot SiO_2$ $2CaO \cdot SiO_2$	A			大多数	A
铝酸盐	$NaAlO_2$	A	$CaO \cdot Al_2O_3$ $3CaO \cdot Al_2O_3$ $4CaO \cdot Al_2O_3 \cdot Fe_2O_3$ 其他	A A R A			大多数 金属	A,AA,A D
氧化物			CaO	A, D	MgO	A, D	Fe, Al	A
氢氧化物	NaOH KOH	A	$Ca(OH)_2$	A			大多数	A,A
碳酸盐	Na_2CO_3 K_2CO_3 $NaHCO_3$ $KHCO_3$	R,A,0,AA R,A	$CaCO_3$	A, R			大多数	$R(C_3A)$,A
硫酸盐	Na_2SO_4 K_2SO_4	A R	$CaSO_4 \cdot 2H_2O$ $CaSO_4 \cdot \frac{1}{2}2H_2O$ $CaSO_4$ $CaK_2(SO_4)_2 \cdot H_2O$	R, D A,F,D A,F,D A	$MgSO_4$	D	大多数	A,F $R(C_3A)$
氯化物	NaCl	A,R	$CaCl_2$	R(<1%) A(约2%) AA(>3%)	$MgCl_2$	A,D	$AlCl_3$ NH_4Cl 大多数	A R(<2%), A(>2%),D R(<1%) A(>1%) AA(3%~5%) D A

表2-1(续)

阴离子＼阳离子	钠或钾		钙		镁		其他	
氟化物	NaF	A	CaF_2	0			大多数	$R(C_3S)$ $A(C_3A)$ 0,A
其他	大多数 大多数 碘化物 $NaNO_2$ $Na_4P_2O_7$	$A(C_3S)$ A $R(C_3A)$ R,A R	大多数	A	大多数	A,R	Fe^{3+} Li,Cs S 天然金属 醋酸盐 磷酸盐 硼酸盐 Br^- 硫代硫酸盐 NO_3^- $Na_2C_2O_4$	D A R D A R,I A,R,R,I A A 0,A,R,A R

0—无影响;A—促进剂;AA—促凝;F—假凝;R—延滞剂;I—抑制剂;D—固化基体结构破坏剂。

2.有机物的影响

有机物与水泥体系一般是不兼容的,除了废物本身的有机成分,许多不同类型的有机外加剂被用于水泥固化和混凝土固定。表2-2给出了不同类型的有机外加剂,以及其对水泥水化作用的影响。

表2-2 有机外加剂对水泥水化作用的影响

有机物类型	目的/影响
胺	助磨剂
氨基乙醇	增加需水量,缓凝,提高早期强度
一乙胺	促进凝结和硬化
二乙醇胺	促凝
三乙醇胺	缓凝
三聚氰胺衍生物	促凝,缓凝,可塑剂
乙醇	助磨剂,延滞剂

表 2-2(续)

有机物类型	目的/影响
木素磺化酯及其衍生物	助磨剂,可塑剂
多轮磺酸酯	超塑性材料,缓凝
木质素化合物	助磨剂,促凝
脂肪酸及其盐(乙酸、抗坏血酸、柠檬酸、蚁酸、丁酸、癸酸、己酸、油酸、乙二酸、丙醇二酸)	助磨剂,促凝
糖:乳糖、蜜三糖、蔗糖	凝结的促进剂和延滞剂
酚醛树脂	促进剂
沥青烯	助磨剂,促进剂
二乙烯基乙二醇	助磨剂,促凝或对凝结没有影响
乙烯基乙二醇(表面活性剂)	助磨剂,延滞剂
羟基烃酸	促进剂、延滞剂、可塑剂
甲醛	促进剂
纤维素衍生物	延滞剂

废物中常见的有机物包括油、油脂、烃的氯化物(如三氯苯)、螯合剂(如乙烯基四乙酸二胺(EDTA))、苯酚、乙二醇、乙醇和乙酰基化合物。有机物对波特兰水泥水合作用的影响,主要取决于有机物的添加浓度。例如,三乙醇胺和糖通常延滞 C_3S 的水化作用,但也可以用作 C_3A 水化作用的促进剂,在较高浓度时可导致瞬凝。对铝酸钙水泥体系而言,许多有机化合物都是延滞剂,其中柠檬酸盐是一种常用的延滞剂。

2.3 固化/固定用水泥基料

依据2.1节和2.2节所述,废物固化/固定处理中,对固化基料的选择应基于废物的特性组成,主要考虑以下几方面:

①水泥基料与废物的兼容性;

②水泥与废物的相互作用机制;

③废物体的结构稳定性要求;

④废物体的浸出性;

⑤固定/固化的成本效益,主要考虑工艺的可实现性和物料的成本。

实际操作中,出于对上述方面的考虑,往往使用不同类型的外加剂来满足处理要求。

2.3.1　硅酸盐水泥系列

硅酸盐水泥因其具有良好的工业/工程适用性和低廉的价格，而被国内外广泛用于各个领域。在放射性废物处理的相关报道中，工业应用最多的也是硅酸盐水泥系列。按照用途和性能，水泥分为通用水泥、专用水泥和特性水泥三大类。硅酸盐水泥属于通用水泥。实际工业应用中，往往通过添加不同类型和一定比例的混合料，以降低成本或提高和改善水泥的性能，如高炉矿渣、火山灰质混料、粉煤灰等。按国家标准规定，通常使用的硅酸盐水泥有六种，即硅酸盐水泥、普通硅酸盐水泥、矿渣硅酸盐水泥、火山灰质硅酸盐水泥、粉煤灰硅酸盐水泥和复合水泥。这六种水泥的基本组成、代号和标号简述如下[1]：

1. 硅酸盐水泥

由硅酸盐水泥熟料、0 ~ 5% 石灰石或粒化高炉矿渣和适量石膏磨细制成的水硬性胶凝材料，称为硅酸盐水泥（即国外通称的波特兰水泥）。硅酸盐水泥分为两种：一种是不掺加混合材料的，称Ⅰ类硅酸盐水泥，代号为 P·Ⅰ；另一种是掺加不超过水泥质量 5% 的石灰石或粒化高炉矿渣混合材料的，称Ⅱ类硅酸盐水泥，代号为 P·Ⅱ。

根据强度大小，硅酸盐水泥可以分为 42.5，42.5R，52.5，52.5R，62.5，62.5R 六个等级。

2. 普通硅酸盐水泥

由硅酸盐水泥熟料、6% ~ 15% 混合材料和适量石膏磨细制成的水硬性胶凝材料，称为普通硅酸盐水泥（简称普通水泥），代号 P·O。

掺入活性混合材料时，最大掺量不得超过 15%（质量分数），其中允许用不超过水泥质量 5% 的窑灰或不超过水泥质量 10% 的非活性混合材料来代替；掺非活性混合材料时，最大掺量不得超过水泥质量的 10%。

根据强度大小，普通硅酸盐水泥可以分为 32.5，32.5R，42.5，42.5R，52.5，52.5R 六个等级。

3. 矿渣硅酸盐水泥

由硅酸盐水泥熟料、粒化高炉矿渣和适量石膏磨细制成的水硬性胶凝材料，称为矿渣硅酸盐水泥（简称矿渣水泥），代号为 P·S。

水泥中粒化高炉矿渣掺加量 20% ~ 70%（质量分数），允许用石灰石、窑灰、火山灰和粉煤灰混合材料中的一种材料代替矿渣，代替数量不得超过水泥质量的 8%，替代后水泥中粒化高炉矿渣不得少于水泥质量的 20%。

根据强度大小，矿渣硅酸盐水泥可以分为 32.5，32.5R，42.5，42.5R，52.5，52.5R 六个等级。

4. 火山灰硅酸盐水泥[10]

由硅酸盐水泥熟料、火山灰质混合材料和适量石膏磨细制成的水硬性胶凝材料，称为火山灰质硅酸盐水泥（简称火山灰水泥），代号为 P·P。水泥中火山灰质混合材料掺量为 20% ~ 50%（质量分数）。

根据强度大小，火山灰硅酸盐水泥可以分为 32.5，32.5R，42.5，42.5R，52.5，52.5R 六个等级。

5. 粉煤灰硅酸盐水泥

由硅酸盐水泥熟料、粉煤灰和适量石膏磨细制成的水硬性胶凝材料，称为粉煤灰硅酸盐水泥（简称粉煤灰水泥），代号为 P·F。水泥中粉煤灰掺量为 20% ~40%（质量分数）。

根据强度大小，粉煤灰硅酸盐水泥可以分为 32.5，32.5R，42.5，42.5R，52.5，52.5R 六个等级。

6. 复合硅酸盐水泥

由硅酸盐水泥熟料、两种或两种以上规定的混合材料和适量石膏磨细制成的水硬性胶凝材料，称为复合硅酸盐水泥（简称复合水泥），代号为 P·C。水泥中混合材料总掺量应大于 15%（质量分数），但不得超过 50%（质量分数）。水泥中允许用不超过 8% 的窑灰代替部分混合材料；掺矿渣时混合材料掺量不得与矿渣硅酸盐水泥重复。

根据强度大小，复合硅酸盐水泥可以分为 32.5，32.5R，42.5，42.5R，52.5，52.5R 六个等级。

可以看出，六种水泥均由硅酸盐水泥熟料为基础，通过添加不同比例和不同组成的混合料加工而成。目前国内放射性废物固化处理中，使用最多的是标号为 42.5 的普通硅酸盐水泥。

用于废物固化/固定处理的水泥需要关注废物体的机械强度、抗水性、抗冻融性、泌水性和水化热的释放行为，表 2－3 对几种常用硅酸盐水泥与放射性废物固化处理相关的几个特性进行了比较。由表可以看出，与普通硅酸盐水泥相比，采用矿渣、火山灰和粉煤灰改性后的水泥可有效降低水化热、抗水性和耐硫酸盐侵蚀性，而普通硅酸盐水泥具有早期强度高、凝结硬化快和抗冻性好的优点。在固化配方研制中，可根据废物特性和对废物体的特性要求，选择使用合适的水泥类型。

表 2－3　常用硅酸盐水泥特性比较

项目	普通硅酸盐水泥	矿渣硅酸盐水泥	火山灰硅酸盐水泥	粉煤灰硅酸盐水泥	复合硅酸盐水泥
优点	—早期强度高； —凝结硬化快； —抗冻性好	—抗硫酸盐侵蚀性好； —抗水性好； —水化热低； —耐热性好	—抗硫酸盐侵蚀性好； —抗水性好； —水化热较低	—抗硫酸盐侵蚀性好； —抗水性好； —水化热低； —耐热性好	—抗硫酸盐侵蚀性好； —抗水性好； —水化热低； —耐热性好； —早期强度高
缺点	—水化热较高； —耐热性较差； —抗水性差； —耐酸碱和硫酸盐类和化学侵蚀性差	—凝结较慢，早期强度低； —抗冻性较差； —干缩性差，有泌水现象	—凝结较慢，早期强度低； —抗冻性较差； —吸水性大； —干缩性较大	—早期强度低； —抗冻性较差； —耐热性较差	—抗冻性较差； —干缩性差，有泌水现象

2.3.2　钢渣矿渣水泥

高炉矿渣是冶炼生铁时从高炉中排出的一种废渣，主要由脉石、灰分、助熔剂和其他不能进入生铁中的杂质组成，是一种易熔混合物，从化学组成看，其属于硅酸盐质材料。高炉矿渣可采用多种工艺加工成具有多种用途的材料，其最广泛的用途是用于建筑材料生产的原料或外加剂。钢渣是炼钢过程中排出的废渣，主要由钙、铁、硅、镁，和少量铝、锰、磷等的氧化物组成。主要的矿物相有硅酸二钙、硅酸三钙、铁铝酸钙等。钢渣可以在炼钢内部循环再利用或作为建筑材料生产的原料或外加剂。钢渣矿渣水泥就是由平炉、转炉钢渣（简称钢渣）、粒化高炉矿渣为主要组分，加入适量硅酸盐水泥熟料、石膏（或其他外加剂），磨细制成的水硬性胶凝材料。该类水泥的强度等级有 275，324，425 三个等级。

由矿渣和钢渣的主要组成可以看出，钢渣矿渣水泥中含有多种有利于水泥水化作用的活性组分。因此，用钢渣矿渣水泥进行放射性废物的固定/固化有以下几个优势：

①将初始空隙溶液的 pH 值降低到 11 以下，可增加某些金属阳离子的沉淀；

②降低氧化还原反应的可能性，可减少多数放射性核素的释放和对金属容器的腐蚀；

③可使某些金属阳离子作为硫化物沉淀，这些沉淀比氢氧化物更不可溶；

④提高废物体的抗渗透性[4]。

2.3.3　硫铝酸盐水泥

硫铝酸盐水泥是以适当成分的石灰石、矾土和石膏为原料经低温煅烧而成，以无水硫铝酸钙和硅酸二钙为主要矿物组成的熟料，掺入适量混料后，磨细制成的水硬性胶凝材料[8]。与普通硅酸盐水泥相比，该类型水泥具有早强、高强、低碱性、抗冻和抗渗性良好的特点。使用该类型水泥对核电站低中水平含硼废离子交换树脂的固化研究结果表明，离子交换树脂的体积包容量可达 55% ~60%（目前工程应用的废离子交换树脂体积包容量为 30% ~40%）。但在将实验室配方试验结果放大到 200 L 规模试验中时，发现固化过程中水化热的快速释放导致固化体中心温度迅速升高，温度应力的快速变化导致固化体表面出现裂纹，经测量中心最高温度达 120 ℃。试验中通过添加 20% 沸石来降低 200 L 固化体的中心温度，可使中心高温降至约 74 ℃[9]。

2.3.4　土聚水泥[15]

20 世纪 80 年代，法国以高岭土为主要原料，开发了一种新型的胶凝材料，即土聚水泥（Geopolymeric Cement）。合成土聚水泥的主要成分有含硅铝链的高岭土、碱或碱盐、工业废渣（包括矿渣、粉煤灰或硅灰等）和碱金属硅酸盐（包括硅酸钠及硅酸钾等）。上述成分在低温条件通过反应使高岭土结构转化为无定形的偏高岭结构，该结构具有较高的火山灰活性，最后在碱性环境中聚合为网络状硅铝化合物。土聚水泥的固化机理不同于硅酸盐的水化反应,也有别于高分子聚合物的作用机理,其固化反应后的生成物为无定形硅铝酸盐化合物,也可在较高温度下生成类似沸石型的微晶体结构。与普通硅酸盐水泥相比,使用土聚水泥进行固化/固定处理,具有如下特点:

①水化热低。土聚水泥可降低由于固化体中心温度过高而造成的基体结构的损坏。

②耐辐照性能好。与普通硅酸盐水泥相比,土聚水泥具有更好的耐辐照性,进一步提高了放射性废物体的长期安全性。

③耐化学侵蚀。土聚水泥水化时不产生钙矾石等硫铝酸盐矿物质,具有良好的耐硫酸盐侵蚀性。

④抗渗性和抗冻融性好。土聚水泥能形成致密的结构,强度高,具有良好的抗渗性性能;且水泥孔隙溶液的电解质浓度较高,从而增强了耐冻融性。

⑤长期稳定性好。普通硅酸盐水泥的使用寿命一般为 50 ~ 120 a,而土聚水泥预期可达到上千年或几千年;因此,土聚水泥可用于含低水平长寿命放射性核素废物的处理或用于高整体混凝土容器的加工。

2.3.5 其他改进型水泥胶凝材料

为改善废物体的性能,提高废物体的包容量,人们通过不断的研究,开发了一些新型的水泥胶凝材料用于放射性废物的处理,如高铝碱矿渣黏土矿物胶凝材料。与普通矿渣水泥和硅酸盐水泥相比,该胶凝材料是以富铝、低钙的 C-S-H 体系和沸石类水化产物为基本组成,掺入对核素吸附能力强的黏土矿物材料复合而成。其具有高强、低孔隙率、有害孔少、抗硫酸盐侵蚀性能好和耐辐照性能好的优点,对 Cs 和 Sr 具有很强的吸附能力[11]。国内开发的一种新型多功能无机胶结材料用于含硼废离子交换树脂的固化处理,离子交换树脂的质量包容量可以高达40%,水泥固化体 7 d 抗压强度可达到 17.6 MPa[12]。

2.4 固化/固定用外加剂

随着科学技术的不断发展,建筑中对水泥砂浆和混凝土提出许多特殊的要求,如早强、自流平、促凝等。实践操作中,经常通过添加不同的外加剂来满足这些要求。外加剂的定义是:在混凝土、砂浆或水泥净浆拌和时,掺入较少量的试剂(通常不超过水泥质量的5%),在保持混凝土、砂浆或净浆正常性能基本不变的前提下,改善或提高混凝土、砂浆或水泥净浆的性能,以满足工程应用的要求。近年来随着科技的发展,人们开发了多种外加剂,从作用上分为速凝剂、早强剂、发泡剂、脱模剂、早强减水剂和缓凝剂等。外加剂的主要用途之一是提高混凝土或水泥砂浆的性能,因此,根据废物特性的不同,水泥固化也常常加入一些外加剂来提高废物的包容量,改进固化工艺或改善固化体的性能。这些外加剂的引入在提高性能和包容量的同时,也会产生一些不利的影响。表2-4 列出了水泥固化中常用的外加剂类型、添加目的及不利影响。

表 2－4　放射性废物水泥固化配方研究常用的外加剂[13]

序号	外加剂名称	添加目的	不利影响
1	飞灰/高炉矿渣	—增加水泥浆流动度； —减小渗透性； —降低水化热	—需要长时间搅拌； —抗压强度降低
2	沸石	—提高对核素的吸附； —提高废物包容量； —降低水化热	—需要长时间搅拌； —抗压强度降低
3	黏土矿物	—提高对核素的吸附	—抗压强度降低
4	硅灰	—提高抗压强度； —减小渗透性； —提高对核素的吸附； —降低膨胀破损	水泥浆很难搅拌均匀
5	高效减水剂	—减少外加水的加入量； —减小渗透性	对水泥体的长期影响不清楚
6	石灰/偏铝酸钠	—消除硼酸的缓凝作用	—含盐量增加； —抗压强度降低
7	硅酸钠	—沉淀重金属离子； —减小渗透性	—很快初凝
8	有机聚合物	—减小渗透性； —增加对氚的吸附	—辐照降解； —在长期环境中不稳定

2.4.1　沸石

沸石是呈架状结构的多孔含水硅铝酸盐晶体的沸石族矿物的总称，其化学成分包括 SiO_2，Al_2O_3，H_2O 以及碱和碱土金属离子四部分构成。沸石是由硅（铝）氧四面体连成三维的格架结构，格架中有各种大小不同的孔穴和通道，这些孔穴和通道的体积占沸石体积的 50% 以上，对大小不同的物质具有极强的吸取或过滤能力。利用其有效的微孔隙结构，沸石被广泛应用于放射性废物处理，可有效降低放射性核素的浸出。另外，沸石中含有一定量的活性 SiO_2 和 Al_2O_3，具有较高火山灰的活性，在水泥水化体系中，可与普通硅酸盐水泥

水化产物 $Ca(OH)_2$发生二次水化反应,生成水化硅酸钙胶凝产物(C-S-H)和水化铝酸钙凝胶产物(C-Al-H),从而提高了固化体结构的密实程度和机械强度。

放射性废物处理中,常用天然斜发沸石作为外加剂。斜发沸石对阳离子的交换顺序为 $Cs^{+} > Rb^{+} > K^{+} > NH_4^{+} > Ba^{2+} > Sr^{2+} > Na^{+} > Ca^{2+} > Li^{+}$,由此可以看出,对放射性$^{137}Cs$和$^{90}Sr$具有良好的选择吸附性[8]。沸石用于放射性废离子交换树脂水泥固化,除了可提高离子交换树脂的包容量,同时还能有效降低 Cs 和 Sr 的浸出。研究结果表明,9%的沸石添加量,可将上述两种核素的 42 d 浸出率降低一个数量级[14]。采用模拟废物对沸石添加量对 Cs^{+}浸出率的影响的研究结果表明,10%和 20%的沸石添加量可使 Cs 的 42 d 浸出率分别降低一个数量级和两个数量级。随着添加量的继续增加,Cs 的 42 d 的浸出率不再有明显的减小。研究结果同时表明,沸石添加量的增加,将引起水泥固化体抗压强度的降低,20%的沸石添加量可使固化体的抗压强度降低约 20%[15]。

需要指出的是,固化中使用不同类型的水泥,沸石对固化体抗压强度的影响趋势是不同的。对普通硅酸盐水泥,沸石的加入可以提高固化体的强度。同样的研究结果已有报道[16],当沸石的加入量大于 3%时,固化体的抗压强度开始呈明显的上升趋势。

另外,有文献报告,加入适当量的沸石可以降低水泥固化过程中水化热导致的温升,防止大体积固化体表面和内部出现裂纹。报告配方中添加 20%的沸石,可使 200 L 水泥固化体的中心最高温度由 120 ℃降到约 80 ℃[9]。

2.4.2 硅灰

硅灰是金属冶炼过程中从烟尘中收集的一种飞灰,一般含有 85%~98%的 SiO_2[8,17],且大部分为无定形二氧化硅。与矿渣、粉煤灰、火山灰相比,硅灰具有较高火山灰活性,硅灰本身不与水发生反应,但可与普通硅酸盐水泥水化产物 $Ca(OH)_2$ 进行反应,降低 $n(CaO)/n(SiO_2)$比,该比例的降低可促使二次水化反应的发生,生成水泥硅酸钙胶凝产物(C-S-H),提高固化体结构的密实程度和机械强度。

硅灰对水泥浆有很好的填充作用,硅灰粒径一般小于 10 μm,平均粒径约 0.1 μm;水泥粒径约为 20 μm[8]。因此,硅灰和其二次水化产物可以很快填充水泥浆体中的有害孔隙,有效改善硬化水泥浆体的微观结构,减少渗透性和提高固化体的密实度。

文献报道,硅灰在放射性废离子交换树脂固化过程中具有很大的优势[17,18]:利用硅灰对混凝土的碱骨料反应的抑制作用,在废离子交换树脂水泥固化配方中,可以在很大程度上减小由于离子交换树脂膨胀引起的破损或破裂;可以提供废离子交换树脂固化体的抗压强度,提高离子交换树脂的包容量,离子交换树脂的体积包容量可达 40%[24];另外,硅灰对^{137}Cs和^{90}Sr具有良好的吸附作用,可降低放射性核素的浸出。英国核燃料公司已将硅灰作为放射性废离子交换树脂固化处理必不可少的一种外加剂。

研究表明,硅灰的添加量一般为水泥用量的 10% ~15%[8],如果添加量过高,将使水泥浆流动度变差,增大外加水的用量,引起固化体抗压强度的降低。因此,应通过固化配方研制,综合考虑硅灰的正负影响,筛选确定合适的硅灰添加量。如文献报道了硅灰添加量对核电站含硼废离子交换树脂水泥固化的影响研究结果,试验结果推荐的硅灰添加量为 5%。在该合适添加量下,硅灰的掺入可以加速水泥浆的凝固硬化过程,增大离子交换树脂水泥固化体的抗压强度,减少固化过程中水泥浆的流动度[19]。

2.4.3　飞灰

飞灰又称粉煤灰,是燃料(主要是煤)在燃烧过程中排出的微小灰粒,粒径一般在 1 ~100 μm。飞灰微观结构分析结果表明,飞灰是由结晶体、玻璃体和少量未燃烧的炭组成。结晶体有石英、莫来石、方解石等;玻璃体有光滑的球形,形状不规则的小颗粒,以及疏松多孔、形状不规则的球形等;另外,还有赤铁矿和磁铁矿。飞灰的主要化学组成有 SiO_2,Al_2O_3,CaO,Fe_2O_3,MgO 等。飞灰具有一定的火山灰活性,其活性主要来自低铁玻璃体,该组分含量高,则飞灰的活性高;石英、莫来石、赤铁矿、磁铁矿不具有活性,这些物质含量高会降低飞灰的活性[20]。飞灰被广泛应用于水泥的改性,一方面,飞灰可部分替代水泥的原料,降低水泥加工成本;另一方面,飞灰的火山灰活性可改善水泥的某些特性,如降低渗透性,提高水泥固化体的密实度,降低水化热等[21]。研究表明,飞灰可以降低 C - S - H 中的 $n(CaO)/n(SiO_2)$,增加阳离子污染物在 C - S - H 中的滞留[4]。

2.4.4　偏高岭土

如 2.4.2 节所述,硅灰是一种活性很高的外加剂,偏高岭土也是一种水泥和混凝土常用的改性外加剂。偏高岭土是由高岭土经煅烧而成的一种高活性混合材料。与硅灰相比,偏高岭土具有如下优点:

①需水量小于硅灰。固化/固定过程中,硅灰和偏高岭土的引入,均增加了外加水的用量。相比较而言,偏高岭土的增水量小于硅灰,这样可以增加废物的包容量和减少固化体/固定体的表面缺陷。

②具有高于硅灰的火山灰活性(火山灰活性可简化为对水化产物的吸收能力,表 2 - 5 给出了几种不同外加剂的火山灰活性参数)。

③硅灰的粒度很小,储存和运输难度大,相比较,偏高岭土的储存和运输更便宜。

采用硅酸盐水泥固化/固定处理,添加偏高岭土可改善如下性能:

①提高固化体的抗压强度。

②可与水泥水化产物 $Ca(OH)_2$ 发生二次水化反应,进而改善水泥石的结构,提高水泥的性能。

③促进水泥的水化进程,缩短凝结时间,提高早期强度[10]。

表 2-5　几种矿物质外加剂的火山灰活性[29]

序号	外加剂类型	火山灰活性/(mg/g)
1	高炉矿渣	40
2	粉煤灰	875
3	硅灰	427
4	煅烧矾土	534
5	高活性偏高岭土	1050

通过纯水泥胶砂试样抗压、抗折机械性能测试以及试样微观结构分析表明,42.5 普通硅酸盐水泥中偏高岭土的适宜添加量为 10% ~15%[22]。

偏高岭土同样适用于其他类型水泥,采用硅灰和偏高岭土作为外加剂对复合水泥的研究结果表明,硅灰和偏高岭土均可以提高不同龄期水泥的抗压强度,且在早期偏高岭土的增强效果优于硅灰,待 28 d 养护期时,两种外加剂的效果相近。可以看出,偏高岭土具有高强功能。通过对水泥浆微观孔隙结构的分析证明,偏高岭土可以完全代替硅灰作为复合水泥的外加剂[23]。

国内台山核电低中水平废物水泥固化配方中使用偏高岭土作为外加剂以改善水泥固化体的性能。

2.4.5　减水剂

水灰比,是水泥固化配方的关键指标之一。废物水泥固化处理中,应根据废物包容量、初凝时间、终凝时间以及废物体性能指标,采用合适的水灰比。水灰比过大,水泥石毛细管丰富,易产生干缩;将可能延长初凝和终凝;降低废物的包容量;降低水泥浆与废物的和易性等不利影响。如对废离子交换树脂固化,可能引起离子交换树脂的上浮,导致废物体的分层,直接影响废物的长期处置性能。另外,对固定用混凝土浆体的制备,水灰比过大,将会增加氯离子的侵入[3]。

因此,废物水泥固化实践中,通常采用减水剂来优化水灰比,以调整水泥浆的性状和固化体的性能。减水剂是在水泥与水拌和过程中,吸附在水泥颗粒的表面,这样增加了水泥颗粒表面的负电荷,靠静电斥力使水泥分散。

常用减水剂的作用包括:减少水泥固化单位用水量和水泥用量;改善混凝土浆体的和易性;提高抗渗性和耐化学腐蚀性能;减少混凝土凝固的收缩率,防止混凝土构件产生裂纹;提高抗冻性,有利于冬季施工。根据用途的不同,减水剂可以划分为多种类型,如缓凝高效减水剂、早强减水剂、抗冻减水剂和高效泵送减水剂等。国内一些新建核电站水泥固化采用了美国西屋公司的废物处理工艺和设备，含硼浓缩液和废离子交换树脂固化采用了德国马斯夫公司生产的高性能减水剂，与传统的密胺和萘磺酸甲醛缩合物减水剂相比，该减水剂为羧酸醚聚合物，可大大提高水泥的分散性，减少水泥固化的需水量，可有效改善水泥浆的和易性和固化体的表观质量，减少泌出水，提高固化体的抗渗透性和耐久性。通常，该减水剂的添加量为每 100 kg 水泥类基料添加 800 ~ 2 000 mL。

2.4.6　其他无机盐

1. 硅酸钠

硅酸盐在废物固化处理中是一种常用的外加剂，其作用和影响详见 2.2.2 中 1 条 3 款。

2. 石灰/偏铝酸钠

偏铝酸钠呈弱碱性，能中和含硼废液中的硼酸，起到一定的促凝作用。

在早期的试验中使用了偏铝酸钠作为外加剂来缓解硼的缓凝作用[5]，试验结果表明，1% 的偏铝酸钠添加量可以对 0.21% 的含硼废液起到促凝作用。0.75% 和 1.0% 的含硼废液中，需加入偏铝酸钠的量分别为 5% 和 7.5%。

参考文献

[1] 王刚，水泥标准手册[K]. 北京：中国标准出版社，2006.

[2] 冯声涛. 放射性废物水泥固化技术[R]. 中国辐射防护研究院，2004.

[3] 金伟良，赵羽习. 混凝土结构耐久性[M]. 北京：科学出版社，2002.

[4] SPENCE D R, SHI Cai - jun. Stabilization and solidification of hazardous, radioactive, and mixed wastes[M]. Washington: D. C.: CRC, 2005.

[5] 魏保范，李润珊. 反应堆放射性含硼废液固化的研究[J]. 南开大学学报(自然科学)，1995，28(3)：71 - 75.

[6] 黄庆村. 低放含硼废液高效率固化技术的开发与应用[J]. 放射性废物管理及核设施退役. 1998，6：9 - 16.

[7] 郭喜良，范智文，冯文东，等. 放射性含硼废物水泥固化中的问题和解决思路[R]. 中国辐射防护研究院，2010.

[8] 周耀中. 放射性废离子交换树脂的水泥固化技术研究与机理探讨[D]. 北京：清华大学核能设计研究院，2002.

[9] 李俊峰，赵刚，王建龙. 放射性废树脂水泥固化中水化热的降低[J]. 清华大学学报，2004，44(12)：1 600 - 1 602.

[10] 赵虎. 高岭土在水泥与混凝土工业中的应用[J]. 国外建筑材料，2002，23(3)：55 - 57.

[11] 李玉香,钱光人,易发成,等.放射性废物固化材料—富铝碱矿渣黏土矿物胶凝材料的研究[J].核科学与工程,1999,19(4):379-384.
[12] 北京万之悦科技发展有限公司.新型多功能无机胶结材料系列产品简介[Z],2009.
[13] 沈晓冬,严生,吴学权,等.放射性废物水泥固化的理论基础、研究现状及对水泥化学研究的思考[J].硅酸盐学报,1994,22(2):181-187.
[14] 李全伟.沸石净化弱放射性废水的工程试验[J].非金属矿,2003,26(4):42-43.
[15] 李俊峰,王建龙,叶裕才.模拟放射性废树脂的沸石和特种水泥混合物固化[J].原子科学能技术,2006,40(3):288-291.
[16] 李全伟,张东,李帆.沸石用于放射性废树脂水泥固化的试验研究[J].非金属矿,2005,28(5):42-44.
[17] 李江波,石正坤,苑围琪,等.硅灰在放射性废物水泥固化中的应用[J].中国非金属矿业导刊,2006(5):17-20.
[18] Anon. http://www.concrete365.com/news/2007/12-26/H95613705.htm. 2014.
[19] 魏保范,李润珊.反应堆放射性废树脂固化的研究[J].天津师范大学学报,1995,15(3):71-75.
[20] 沈威.水泥工艺学[M].武汉:武汉理工大学出版社,2012.
[21] 孙奇娜,李俊峰,王建龙.放射性废物水泥固化研究进展[J].原子能科学技术,2010,44(12):427-1 435.
[22] 张晶晶,方永浩.偏高岭土对水泥性能与浆体结构影响的研究[J].水利工程海洋工程新材料新技术:166-171.
[23] 彭超.硅灰、偏高岭土对复合水泥浆体抗压强度的影响[D].南京:南京工业大学,2011.
[24] 邓岗,胡江.偏高岭土在水泥混凝土中的应用研究现状[J].建材发展导向,2010(4):47-49.

第3章　水泥固化技术

水泥固化放射性废物可以将废物视为骨料，但与砂子或砾石等实际骨料相比，废物与水泥间的黏结能力较弱，可降低水泥浆体的抗压强度；另一方面，如前所述，放射性废物的组成多数不利于水泥水化反应的进行，而且影响固化体的凝结、硬化、流动度等物理特性。水泥固化技术的研究目的就是找到一个废物包容量最多，其固化体抗压强度、抗浸出性等性能满足国家相关标准要求的固化配方和固化工艺。

水泥的主要成分是各种硅酸钙和硅酸铝。例如，硅酸盐水泥，主要是由硅酸三钙（C_3S）、硅酸二钙（C_2S）、铝酸三钙（C_3A）和铁铝酸四钙（C_4AF），以及少量氧化镁、氧化钛、氧化钠和氧化铁组成。废物水泥固化主要通过上述各组分的水合作用来实现。

3.1　水泥固化关键表征参数

放射性废物水泥固化/固定配方的研制可分为不同阶段，如图3-1所示。废物水泥固化包括实验室冷试、实验室热试、工程冷试和工程热试四个阶段，不同阶段须采用不同的关键表征参数。例如，配方研制初期的主要表征参数有：泌出水、流动度、初终凝时间和抗压强度；对推荐配方及后续各阶段的性能表征参数，则基本根据GB 14569.1—2011的规定来选择[1]。

3.1.1　泌出水

在水泥浆硬化过程体系中水的存在形式有三种，即结晶水、吸附水和自由水。结晶水又称化学结合水，通常以氢键或其他化学键形式与固相（如氢氧化钙）相结合。吸附水以H_2O形式存在，通过吸附效应或毛细管作用机械地吸附于固相表面或孔隙中，包括凝胶水和毛细孔水两种。自由水也就是游离水，与一般水的性质相同，存在于较大孔隙内，其伴随的物理现象是泌出水的析出[2]。

合适的水泥固化配方应在水泥浆养护满7 d后，固化体不存在游离液体。游离液体的存在一方面增加了放射性污染物浸出和释放的概率，同时表明固化体中的孔隙较大或较多，体系的密实度不好，进而影响固化体的机械性能和长期的结构稳定性。对含硼放射性废物，由于硼的缓凝作用，固化过程产生的水泥浆在短时间内无法凝固，过程中可能伴随明显的泌出水现象。因此，固化配方研究中，泌出水常作为固化配方初步筛选的一个重要

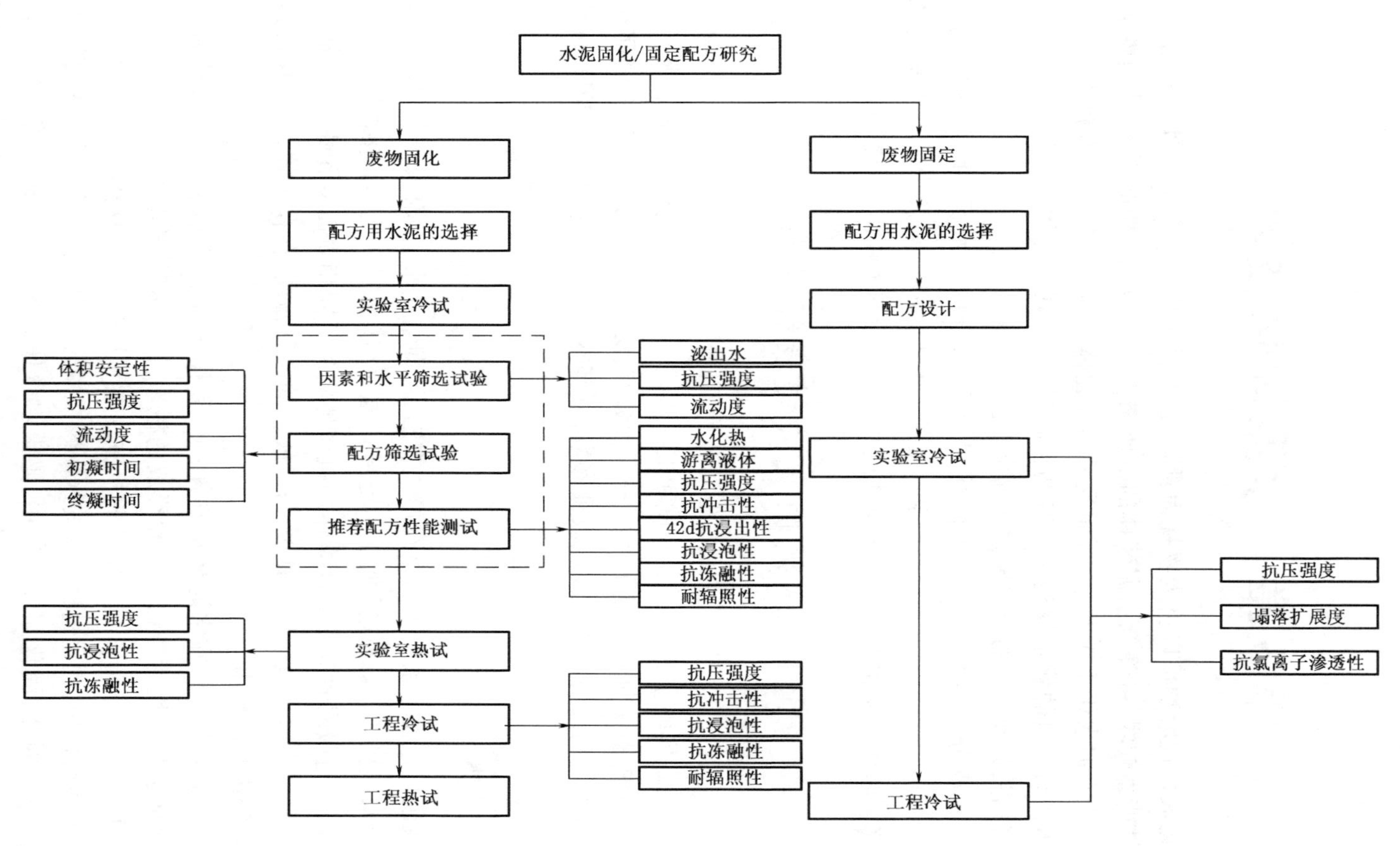

图3－1　放射性废物水泥固化配方研制各阶段性能表征示意图

参数[2]。

3.1.2　初凝和终凝时间

水泥浆拌和完成后，浆体会逐渐失去流动能力，开始凝结和失去可塑性时为“初凝”；之后进入凝结阶段，逐渐变硬，待完全失去可塑性并具有一定强度时为“终凝”；终凝之后进入硬化阶段。另一种解释是初凝为C－S－H胶凝体系开始形成的时间，终凝为水泥颗粒被C－S－H胶凝体系完全覆盖的时间。水泥浆初、终凝时间的测定可参照国家标准方法进行[4]。水泥熟料的矿物组成分析认为，铝酸三钙的含量是控制水泥凝结时间的决定性因素，如果水泥熟料由铝酸三钙单一组成，则水泥浆可在瞬间凝结[2]。

硅酸盐水泥、普通硅酸盐水泥的国家标准规定：硅酸盐水泥初凝时间不小于45 min，终凝时间不大于6.5 h；普通硅酸盐水泥初凝时间不小于45 min，终凝时间不大于10 h[5]。实际上，随着水灰比的增加，水泥浆的凝结时间会延长。另外，环境温度也会影响凝结时间，随着温度的升高，水化作用会加速，相应地会缩短凝结时间，其中终凝时间的影响较大。需要指出的是，氧化钠和氧化钾以及硫酸盐的存在对凝结时间也有明显影响[2]。

含硼放射性废物水泥固化的一个显著特点就是硼对水泥浆的缓凝作用。其基本原理是：硼酸或硼酸根离子与水泥水化产物氢氧化钙会发生化学反应生成硼酸钙，硼酸钙微溶于水，会包覆在水泥颗粒的表面，隔绝水泥颗粒与水的接触，使水泥组分不易溶出进行水合反应，该过程降低了水泥水化速度，对含硼废物水泥固化是不利的[3,6]。另一方面，利用硼对水泥固化的阻滞效应，混凝土外加剂中使用硼酸作为硬化阻滞剂。在含硼放射性废物水泥固化配方研制中，可放宽对初凝时间和终凝时间的限制，初凝时间小于7 h，终凝时间小于24 h[3,7－9]。

3.1.3　流动度

新制备的水泥浆应具有一定的流动度，以满足不同工艺的固化需求。与桶内固化相比，桶外固化工艺、废物固定工艺和大体积浇注均需要有较高流动度的固化配方。水泥颗粒加水拌和均匀时，水在水泥颗粒表面形成均匀的水膜层，水膜层的厚度决定了水泥浆的流动性；而水膜层的厚度又取决于水灰比。根据流变学计算结果，新制备水泥浆水泥颗粒表面分布一层厚度2～5 μm的水层，水泥浆的流动度本质上是该水层的相对流动[8]。

流动度对固化工艺有重要影响，流动度大，水泥浆浇注后易于成形，成形后的固化体密实度高，不易出现气泡或断层；但流动度过大则会影响固化体的抗压强度。流动度过小，搅拌困难，直接影响到固化体的均一性，特别是桶外搅拌工艺，《放射性废物体和废物包的特性鉴定》（EJ 1186—2005）规定：低中水平放射性废物采用水泥砂浆或细石混凝土作为固定介质，细石混凝土的塌落扩展度不应小于680 mm；水泥砂浆的流动度不应小于310 mm[11]。

目前国内采用水泥砂浆作为固定介质,水泥砂浆流动度采用国家标准测定方法进行[4]。

实际操作过程中,多采用维卡仪测定水泥浆的稠度值来表征流动度,实际试验结果表明,当水泥浆流动度在80~250 mm之间变化时所测得的稠度值均为40 mm。因此,建议配方研究过程中采用流动度作为水泥浆流动性的有效表征参数。

3.1.4 体积安定性

体积安定性是水泥一项重要的性能指标,国家标准规定,纯普通硅酸盐水泥拌和后,其压蒸膨胀率不应大于0.50%[4]。体积安定性同样是固化体长期稳定性应考虑的一项指标,应考虑废物固化水泥浆体在养护过程中的体积变化,及废物水泥浆体经凝结和硬化后,不应有显著的体积变化。体积安定性差的固化配方,在凝结硬化过程中可能产生收缩或膨胀。这些体积变化对固化体的作用是不均匀的,可能导致固化体开裂。固化配方中,作为外加剂或废物组成的硫酸盐如果含量过高,如石膏,则在水泥凝结硬化过程中可继续形成水化硫铝酸盐。该盐的大量存在会使固化体发生膨胀[2]。

水灰比是影响固化体体积安定性的一个重要因素,按照2.1节的水泥水化反应过程,可计算水泥水化的理论需水量,计算所得每100 g硅酸盐水泥的理论需水量为27~34 g[10]。废物固化配方研制过程中,根据废物类型、外加剂类型和用量的不同,水灰比的变化范围为0.2~0.6[12,13]。

3.1.5 水化热

水化热是水泥中的各种熟料在水化作用过程中释放的反应热,是在恒定温度或者绝热条件下,在水合作用过程中或完成以后测得的热量。水泥水化热测定采用标准的溶解热法进行,即在保持热量计周围温度一定的条件下,未水化水泥与一定养护期水泥,分别在标准规定浓度的酸溶液中溶解热的差值来计算[4]。水化热对冬季施工是有利的,有利于水泥的正常硬化。但对尺寸较大的构筑件(如400 L,200 L水泥固化体),水化热释放过程中存在固化体中心与表面的温差,温差过大可能产生较大的应力,从而导致固化体出现裂缝,进而影响其结构完整性和长期稳定性。因此,水化热是水泥固化配方研制过程的一个重要的表征参数。

水泥水化热的释放周期较长。通常,普通硅酸盐水泥的大部分热量在水泥浆拌和完成后的3 d内释放,主要是在水泥浆凝结和硬化的初期。影响水化热释放的关键因素是水泥的矿物组成。经研究表明,铝酸三钙(C_3A)的水化热释放速度最快,可在几分钟到一两个小时内释放出大部分的热量;其次为硅酸三钙(C_3S),大部分热量可在几小时或24~72 h内基本释放;硅酸二钙(C_2S)的水化热最小,释放速度也最慢,释放周期可达几个月之久[1]。上述三种熟料水化热释放过程如图3-2所示,可以看出,C_3A的水化热最高,释放速率最大,3 d几乎释放出其所有的水化热(C_3A 完全水化的水化热为 866.520 J/g));C_3S 的水化热次之,3 d 释放出的水化热占完全水化产生水化热的 48%(C_3S 完全水化的水化热为 502.32 J/g);C_2S 的水化热最小,3 d 释放出的水化热仅为 C_3A 的 5.7%,为 C_2S 完全水化产生水化热的约 19%(C_2S完全水化的水化热为 259.53 J/g)[10]。实践中,通过调整熟料的矿物组成来控制水泥水化热的释放。

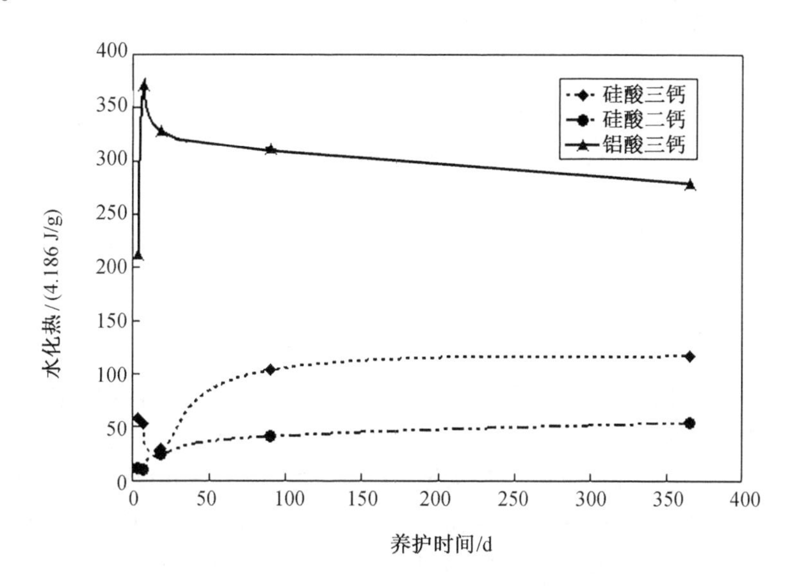

图 3-2　水泥不同熟料水化热释放过程示意图(21 ℃)

除了水泥熟料组成,影响水化热的因素还有水泥的粉末细度、水灰比、外加剂的类型和用量、养护时间和养护温度、固化体的规格尺寸等。如 2.4 节所述,飞灰、高炉矿渣和沸石等具有一定孔隙的外加剂,可以降低水泥的水化热或调整水化热的释放速率。文献报道,采用硫铝酸盐水泥固化离子交换树脂,在固化初期水化热会集中、快速释放,200 L 固化体中心与表面的温差会导致固化体出现裂纹[14]。为改善固化体的性能,通过添加沸石、飞灰、矿渣等对水化热的释放行为进行研究,结果表明,添加 20% 的沸石可使 200 L 固化体的中心最高温度降至 75.4 ℃[15]。

对合适的放射性废物固化配方,通常在固化混合后 10~20 h 由于水化热引起的固化体温升达到最高值。不同类型的废物和不同尺寸的固化体,达到高温的时间、最高温度值以及温度降低所需的时间各有差异。如表 3-1 所示,使用高炉矿渣水泥对离子交换树脂和过滤废渣的固化体温升试验结果表明,固化体尺寸对由水化热引起的温升影响很明显,20 L 固化体的温升明显低于 200 L 固化体的温升,且 200 L 固化体温度降至常温所需的时间约为 20 L 固化体的 1.6 倍[16]。

表3-1 废物水泥固化体由水化热引起的温升

序号	废物类型	固化体体积/L	温升试验结果		
			达到最高温所需的时间/h	最高温度/℃	回到常温所需的时间/d
1	粒状树脂	200	20	49	4
		20	20	21	2.5
2	粉末树脂	200	24	40	4
		20	19	28	2.5
3	过滤废渣	200	24	58	4
		20	26	23	2.5

3.1.6 抗压强度

水泥强度是衡量水泥质量的重要指标,也是划分水泥标号的主要依据。有关水泥硬化后机械强度的产生有不同的解释和说法,最有代表性的一种解释是水化产物,特别是C-S-H凝胶体系具有巨大的表面能所致。因此,水泥水化产物的特性、表面结构以及水化产物的产生情况是影响强度的重要原因。影响水泥水化产物的主要因素有:①水泥类型和组成,也就是水泥熟料矿物组成;②水灰比;③养护温度条件。这三个因素也是影响水泥强度的主要因素[2]。

水泥的类型和组成决定了水泥水化速度及水化产物的强度。水泥熟料单组分的抗压强度测试结果表明,C_3S 的 28 d 抗压强度约为 46 MPa,C_2S 的 28 d 抗压强度约为 4 MPa,C_3A 的 28 d 抗压强度约为 12 MPa。可以看出,水泥的 28 d 抗压强度基本依赖于 C_3S 的含量。测试结果同时表明,不同组分随着养护时间的延长,对抗压强度的影响存在差异,如图 3-3 所示。C_2S 在早期直到 28 d 以前,对抗压强度的影响不大,后期则成为影响强度的主要因素。C_3A 前期有一定的贡献,在养护 180 d 后,单一组分的抗压强度消失[2]。因此,固化配方研制过程中首先是对水泥的选型。

通常,水泥固化所用的水灰比超过水泥单独水化所需的理论需水量。水灰比越大,水泥浆体内的孔隙越多。研究结果表明,当水灰比为 0.4 时,硅酸盐水泥完全水化的总孔隙率约为 30%;当水灰比为 0.7 时,完全水化的总孔隙率约为 50%[2]。孔隙率的增加对水泥抗压强度是不利的,可以看出,减少孔隙率、提高固化体的密实度是提高抗压强度的有效途径。因此,水泥固化配方研制中应通过优化试验,选择合适的水灰比。

对放射性废物固化体和固定体而言,抗压强度是固化配方研究中的一个重要的表征参数。《低中水平放射性废物固化体性能要求 水泥固化体》(GB 14569.1—2011)规定,放射性废物水泥固化体的抗压强度不得小于 7 MPa[1];《放射性废物体和废物包的特性鉴定》(EJ 1186—2005)规定,放射性废物固定用水泥砂浆和细石混凝土的抗压强度不应小于60 MPa[11]。

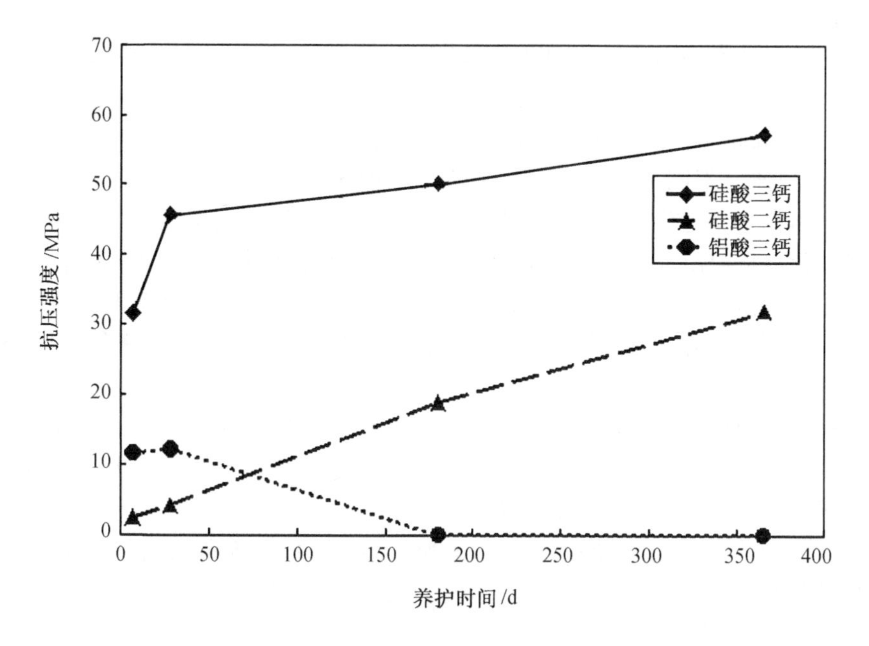

图3－3　水泥单一组分抗压强度随养护时间的变化

3.1.7　抗浸出性

放射性废物采用固化/固定处理的首要目的,是包封并阻滞污染物向废物体外释放,进而避免其向环境的转移。因此,采用水泥、沥青或其他固化基料对放射性废物实施固化/固定处理后,应对处理产生的废物固化体/固定体进行核素向外释放行为的评价。放射性核素由固化体向环境释放的主要途径是通过溶解、扩散机制进入地下水。实践中,常采用核素的浸出率来评价对放射性废物的包封效果。浸出试验是在合适的浸出条件下(如液固比、pH值、浸出剂组成、接触时间),固化体与液相(浸出剂)接触期间,放射性核素等污染物会从固化体样品中浸出或释放;之后,对浸出过程获得的液体(浸出液)的物理特性、化学特性和放射性组成进行分析。

放射性核素从水泥固化体向外释放是一个复杂的物理化学过程,向外释放的主要原因和前提是固化体与水的接触,因此,浸出是向外释放的主要机制之一。影响核素浸出的最主要因素包括以下方面:

①固化体本身的特性,如固化体的矿物质特性、完整性、密实度、孔隙率、尺寸规格、废物的包容量和渗透性等;

②浸出条件，如浸出剂的 pH 值、电导率、主要化学组成、接触时间和浸出温度等；

③固化体和周围环境间的反应。

目前国内放射性废物固化体为 200 L 和 400 L 的大尺寸规格，而对固化体抗浸出行为的表征多采用《低中水平放射性废物固化体性能要求 水泥固化体》(GB 14569.1—2011)规定的ϕ50 mm × 50 mm的小尺寸圆柱体样品。对小尺寸样品的测试结果如何应用于实际废物体的表征，需要研究不同尺寸样品对抗浸出行为的影响。通过数学模拟和实验室测试，表明核素的浸出行为与固化体大小密切相关[17]。因此，为使抗浸出试验结果具有代表性，文献报道了固化体抗浸出样品的体积下限值，即沥青固化体体积下限值约为 7 cm^3，水泥和塑料固化体的下限值约为30 cm^3[18]。核素从固化体向外释放是一个复杂的过程，已报道的研究结果表明，随着浸出试验样品体积的增大，同一浸出时间内，核素的累积浸出份额呈现明显减小趋势[17]，如图 3-4 所示。

放射性核素的向外释放，与固化体周围环境蓄水介质的含水量有关。王志明、姚来根等采用对核素不具有吸附性的石英砂作为蓄水介质，设计了一种密闭浸出试验装置（如图 3-5 所示），研究了^{137}Cs 在不同含水量石英砂中一年的浸出行为。试验结果表明，随着石英砂含水量的增加，^{137}Cs 的累积浸出份额呈增加趋势（如图 3-6 所示）；待介质石英砂达到饱和含水量，即含水量达到 35% 时，^{137}Cs 的浸出行为类似于水中的浸出[19,20]。

3.1.8 其他性能要求

放射性废物水泥固化/固定处理产生的废物体的最终出路是对其实施处置，废物处置设施周围环境是否安全，需要对废物体在长期处置环境条件下的安全性进行评估。目前主要考虑三种情景：处置环境温度变化对废物体安全的影响，废物体受本身和周围码放废物体辐射照射的影响，以及处置屏障失效后废物体长期被水浸泡的情景。

1. 环境温度[21]

通常，放射性废物固化/固定体被处置在地表以下，处置环境温度相对保持在一个与地理位置有关的温度值。在处置库关闭后，还需考虑当地昼夜和季节环境温度的变化，对处置废物应考虑当地历史上记录的极限高温和极限低温。文献指出，水力压裂水泥灌浆处置的温度范围为 8 ~ 15 ℃。一些情况下，废物体的温度可能高于周围环境温度，对放射性水平较低废物，其主要贡献是固化体水化反应过程释放的水化热，该影响只发生在较短的周期内。对放射性较高的废物，主要贡献是放射性核素的衰变热，有时可达到 70 ℃以上。

温度变化可能影响废物固化体的机械性能和浸出特性，温度大于 20 ℃时会提高核素的扩散速率，高温一定程度上也可能降低水泥固化体的强度。另一方面，温度降低也不利于水泥固化体的长期稳定性，在零度以下，冻结和溶融可能导致水泥化合物的老化。低温条件下的老化途径是固化体中毛细管孔隙水冻结后产生水力压力，以及冻结后产生的渗透压，如果内部压力超过物料的拉伸强度或断裂强度，将可能导致固化体的破裂。因此，需要开展放射性废物水泥固化体的抗冻融循环试验。

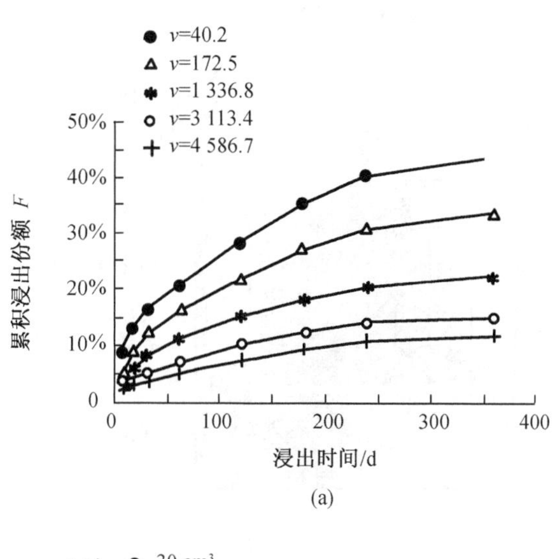

(a)

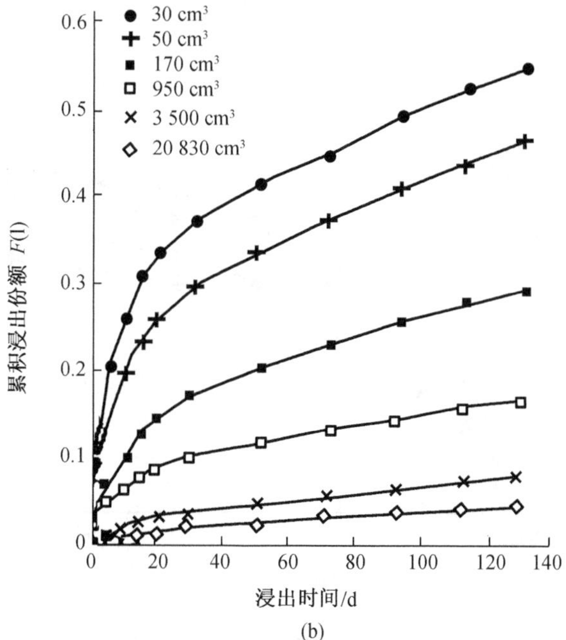

(b)

图 3-4　样品大小对浸出行为的影响

(a)不同体积固化体的累积浸出份额随时间的变化($\theta=0.25$)；

(b)样品大小对累积浸出份额的影响

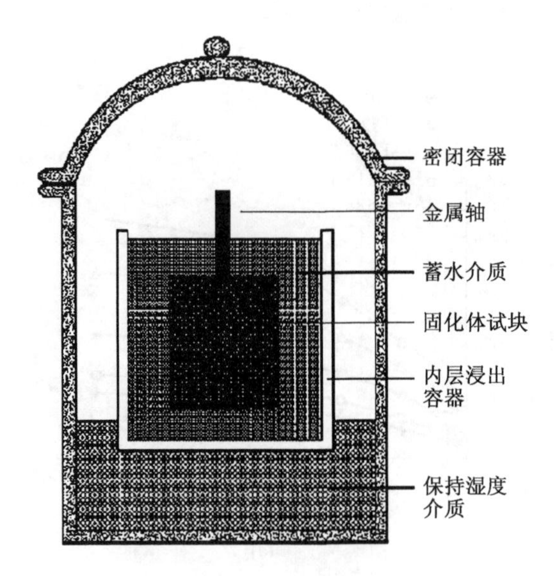

图 3-5　浸出试验装置

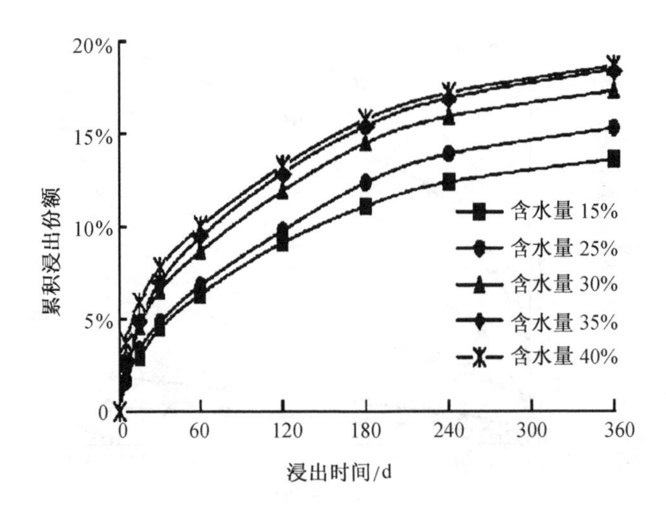

图 3-6　^{137}Cs 在不同含水量石英砂中的浸出行为

2. 辐照降解[22]

含有机物质(如有机废离子交换树脂)的水泥固化体,在辐照环境下可能改变其固有的物理特性,γ 累积受照剂量的增加,将导致有机离子交换树脂变脆或失去机械性能。降解过程也伴随着气体的产生,如氢气和甲烷。产生的气体在废物容器内累积到一定程度时,可引起废物体或容器的破裂。另外,对放射性废离子交换树脂也可能伴随着^{3}H 和^{14}C 的释放。已报道的放射性废物水泥固化体的辐照效应有如下几种:

(1)辐解气体

水泥固化体中含有一定量的水分,如水化水、内部表面的吸附水和孔隙水等,它们在一定辐照条件下会产生 H_2和 O_2。由该效应产生的辐解气体的量不大。研究表明,辐解气体的组成和产生量受固化体组成、固化体的含水量及温度的影响。对含有机质的固化体,典型的是放射性废离子交换树脂固化体,离子交换树脂辐照后还会产生 H_2,CO,CO_2,CH_4,其中以 H_2为主。废离子交换树脂耐辐照性的影响因素有离子交换树脂的类型和组成、受照剂量率、受照时间、离子交换树脂的含水率等。该类废物固化体辐照对废物体/废物包安全可能造成的影响如下:

①H_2是可燃气体,当空气中 H_2浓度达到 4% 会发生燃烧,这对含有机质废物体的安全隐患是非常大的;

②气体的产生会破坏废物体的微观结构,降低废物体的机械性能;

③气体发生膨胀后,会导致包装容器变形或破损;

④无论是废物体机械性能的降低,还是放射性核素通过气体向外释放,均会增大放射性核素的向外释放。

(2)结构完整性

通过固化体晶体结构中原子的移位,辐照可能破坏固化体的结构完整性,导致固化体变形或破损。辐照对结构完整性影响的表征参数有固化体的抗压强度和微观结构相关参数。使用水中养护 28 d 的水泥样品开展辐照试验,当受照剂量率为 1.0×10^3 Gy/h,受照总剂量为 4.0×10^5 Gy 时,水泥样品的抗压强度会发生变化。

(3)浸出性

放射性废物水泥固化的最主要目的是实现对放射性污染物的包封,阻滞放射性核素的向外释放。如上所述,辐照在导致固化体物理结构完整性降低的同时,增加了放射性向外释放的可能性,降低了固化体的抗浸出性。

3. 化学侵蚀[21]

对水泥固化基料,应关注处置环境中可能的化学侵蚀,最典型的是碳酸盐侵蚀和硫酸盐侵蚀。

(1)碳酸盐侵蚀

碳酸化被认为是最常见的水泥化学老化过程,碳酸根的侵入将造成孔隙水的 pH 值、组成形态和孔隙结构的改变，从而影响到水泥固化/固定体的化学和物理特性。碳酸化反应可能由液态含碳酸盐的化学侵蚀造成，也可能是由气态 CO_2 造成。CO_2 扩散进入固化体孔隙中，固化体中的孔隙水和吸附水可能促使其溶解，并与其中的阳离子发生反应，生成碳酸盐沉淀。基于水泥孔隙水钙的含量高，碳酸反应的主要产物是碳酸钙。

(2)硫酸盐侵蚀

硫酸盐对水泥侵蚀是一个复杂的过程，主要由硫酸盐造成，侵蚀取决于硫酸盐的种类(如硫酸铵、硫酸镁和硫酸钙)。硫酸盐侵蚀机理通常解释为膨胀作用：

①硫酸根与石灰作用形成石膏；

②石膏和水化的铝酸钙形成钙矾石。

在镁离子存在时上述化学反应伴随着 C-S-H 向镁硅水合物的转化。石膏和钙矾石的生成将使固化体物理结构膨胀，从而导致整体结构破损。

3.2 国内水泥固化技术

3.2.1 固化方法简介

根据废物固化的加料方式、搅拌类型以及水泥浆的浇注方法，通常将放射性废物水泥固化技术分为桶内固化和桶外固化、浇注法等[23]。

1. 桶外固化

桶外固化是将废物、水泥、外加剂、水等在固化设备配套的混合容器内，按照规定的加料顺序和搅拌方式，拌和均匀后将水泥浆输送到废物桶的一种固化方法。

该方法的优点是搅拌桨的设计和搅拌方式的选择良好，可以实现废物与固化物料的均匀搅拌；固化搅拌前混合容器也可用作装料器，从而减少固化过程使用的设备。

该方法的缺点是混合容器的清洗、搅拌桨的维修和去污程序较复杂。

需要注意的是，与桶内固化相比，桶外固化增加了水泥浆从混合容器向废物桶输送的过程，这就要求水泥浆须有较好的流动度和较长的初终凝时间，以防止输送过程中的堵塞或凝结。

2. 桶内固化

桶内固化是固化设备没有配套的独立的混合容器，而是以标准的废物桶作为混合容器，固化时将废物、水泥、外加剂、水等按照规定的加料顺序加入废物桶内后，按照设定的搅拌方式拌和均匀。该方法有弃桨和提桨两种工艺。弃桨是指水泥浆搅拌完成后，将搅拌桨留在废物桶内不再复用。提桨是指搅拌完成后，将搅拌桨提起，冲洗后重复使用。

该方法的优点是不需要专门的混合容器，废物和其他固化物料在废物桶内直接搅拌固化，有利于搅拌桨的清洗、维修和去污。

该方法的不足之处如下：

①水泥固化对废物桶的填充率有要求，桶的上部应预留5%～10%的空间，同时单个废物桶的废物填充量不应过少，这就要求对加料顺序、加料量、搅拌方式和搅拌速率有一个相对严格的控制，既要防止搅拌时水泥浆的外溅，又要保证合适的废物填充率；

②废物桶的规格尺寸有相关国家标准要求，国内目前多用200 L或400 L的圆柱体废物桶，这样就要求加工、设计结构良好的搅拌桨，以实现废物的均匀搅拌。

3. 浇注法

该方法是指先在容器内加入废物或固化混合料，再将水泥浆或废液通过外压注入废物或混合料的空隙中的方法。根据注入对象的不同，该方法可分为水泥注入法和废液注入法两种。

(1)水泥注入法

水泥注入法是先在废物桶中加入废物，采用相对独立的搅拌设备制备非放射性的水泥浆，之后，将水泥砂浆通过泵输送注入废物桶内。这个方法适用于空隙较大废物的固化或固定，如废过滤器的固定，压实或不可压实废物的固定，不适用于放射性废离子交换树脂、淤泥和过滤废渣的固化。

(2)废液注入法

废液注入法是先在废物桶中加入水泥和混合物料，然后再将废液注入其空隙中。废液注入法又分为加压注入法和真空注入法两种。加压注入法是先在废物桶中加入水泥和混合物料，通过导管用压缩空气将废液填充到废物桶中。真空注入法是用真空泵将废物桶抽成真空后，通过内外压差将废液吸入废物桶中。该方法不需要搅拌操作。

浇注法的优点是废物桶本身作为固化处理容器，设备单元少，操作简单；对设备的维修、清洗要求低；搅拌方式简单或不需要搅拌处理。该方法的明显缺点是处理产生废物体的均匀性差，废物体的机械性能无法保证。早期，美国压水堆核电站采用该方法对放射性废物进行处理。

除了上述三种固化方法，文献中报道的其他方法有摇摆法、滚动法、添加法和喷射法等。由于这些方法很少应用于工程实践，因此本书不作详细介绍。

3.2.2 传统的配方和工艺

截至目前，国内对放射性废物的固化处理主要应用于核电站低中水平含硼浓缩液和含硼废离子交换树脂的固化，以及废过滤器、压实废物和不可压实废物的固定处理。固定处理产生废物的长期安全性主要依赖于固定所用水泥砂浆或混凝土本身的性能，按照标准要求，其性能指标主要包括流动度、抗压强度和抗氯离子渗透性，可从水泥基料的选型来实现上述要求。放射性废物水泥固化处理技术关注的重点是放射性含硼废物的处理。

1. 含硼废物水泥固化

放射性含硼废物水泥固化的一个显著特点是硼对水泥浆的缓凝作用，缓凝的作用机理是生成的硼酸钙,不利于水泥的进一步水化反应。龚立、程理等在核电站放射性含硼废物水泥固化方面较早做了研究[7,8]。为改善含硼废物水泥固化体性能,经研究提出的主要改进措施有:废液中加入 NaOH 中和至碱性后再进行水泥固化;加入少量石灰与硼酸反应以削弱硼酸的缓凝作用;加入少量硅灰或硅酸钠以提高固化体的抗压强度。试验中推荐的含砂水泥固化体中硼酸废液(含硼 0.7%)的质量包容量为 23%,纯水泥固化体中硼酸废液的质量包容量为 28%。推荐的含砂水泥固化体中浓缩废液(含硼 4.0%)的质量包容量为 28%,纯水泥固化体中浓缩废液的质量包容量为 38%。研究结果同时表明,当纯水泥固化配方中浓缩液质量包容量大于 40%时,固化体在室温下裸露存放半年以上有裂纹产生。根据早期研究结果,对含硼废物提出的改进措施可通过如下三个途径来实现:

(1)废物的预处理

为消除硼浓度过大对水泥固化的不利影响,水泥固化前可对废液进行预处理。常用的方法是通过酸碱中和反应来降低废液中的硼浓度,最佳选择是中和后的硼以不溶性盐形式存在。这样不会因为中和反应而引起废液中含盐量的增加对固化体长期稳定性的不利影响,同时可实现水泥对其很好的包容。

(2)固化配方中引入添加剂

为改善固化体性能,使用添加剂是一种常用的选择。为减小或避免硼缓凝而出现的泌出水现象,固化配方中常加入极少量的减水剂。为确保提高废物包容量同时使固化体的抗浸出性满足要求,可选用对核素有吸附作用的多孔性物质,如沸石和硅灰等。需要指出的是,现有的固化配方中不允许添加含有机质的物料。

(3)寻找新的水泥固化基料

为了提高含硼废物包容量和提高固化体性能,国内在使用新型水泥固化基料方面也有广泛研究和探讨。除前文所述的 ASC 水泥外,一种新型多功能无机胶结材料被用于含硼废离子交换树脂的固化,离子交换树脂质量包容量可以提高到 40%,7 d 抗压强度达到 17.6 MPa[24]。

2. 传统水泥固化工艺

在国内,水泥固化/固定常用于放射性浓缩液、废离子交换树脂、淤积物和废滤芯的处理。早期传统的固化技术的主要特点可概括为如下三方面:

(1)含砂配方

在早期,为节约固化成本,固化配方中常添加砂子来代替一部分水泥对废物或污染物实现包封。含砂固化配方的缺点是对废物的包容量较低。20 世纪 90 年代,龚立、程理等对压水堆核电站含硼废液水泥固化配方的研究结果表明:在确保固化体性能满足标准性能要求的前提下,质量分数为 0.7% 的含硼废液含砂配方的废液质量包容量为 23%,无砂配方的废液质量包容量为 28%;质量分数为 4.0% 的含硼废液含砂配方的废液质量包容量为 28%,无砂配方的废液质量包容量为 38%[7]。大亚湾核电、岭澳核电和秦山核电的放射性废物固化处理系统,在初期均采用的是含砂固化配方,随着水泥加工成本的降低和废物减容技术的采用，目前基本不再采用含砂固化配方。

(2)废物固化桶为混凝土桶

早期放射性浓缩液、废离子交换树脂以及淤积物水泥固化，一般采用具有一定屏蔽厚度的混凝土桶，桶的类型根据废物的放射性水平进行选择。适用于低中水平的混凝土桶有四种类型，表 3－2 所示给出了不同类型废物固化桶的规格尺寸。由表可以看出，与 200 L 和 400 L 钢桶相比，四种类型混凝土桶的增容较大，且随着混凝土屏蔽厚度的增加，增容随着增加[26]。核电厂正常运行产生的浓缩液、废离子交换树脂和淤积物放射性水平相对较低，采用 C1 型混凝土桶进行固化即可满足固化桶表面剂量小于 2 mSv/h。对放射性水平较高的废过滤器芯或堆内构件维修、去污产生的废物，一般采用 C4 型混凝土桶进行水泥固定。大亚湾核电厂、岭澳核电厂、秦山核电厂和田湾核电厂均曾采用 C 型混凝土桶固化处理低中水平放射性废物的技术和方案。

从废物减容的分析角度出发，混凝土桶固化的不足之处如下：

①采用混凝土桶固化废物，混凝土桶实际装载的废物固化体体积较小，废物包体积增容比大，容器的容积有效利用率低，固化产生的废物量大；

②与 200 L 或 400 L 钢桶相比，采用混凝土桶固化所需的固化主设备的尺寸和规模较大。

经综合分析比较，田湾核电厂将混凝土固化桶用 200 L 钢桶代替[26]。大亚湾核电厂、岭澳核电厂目前仍采用 C1 型混凝土固化处理放射性含硼废离子交换树脂[27]。

表 3－2　不同类型水泥固化桶

类别	型号	内径/mm	高度/mm	壁厚/mm	可容纳废物体积/L[1)]	增容比[2)]
混凝土桶	C1	1 100	1 300	150	778	6.6
	C2	800	1 300	300	277	15.6
	C3	600	1 300	400	106	45.5
	C4	800	1 300	150	452	
钢桶	200 L	560	900	1.25	180	3.5
	400 L	700	1 080	1.5	360	3.5

1)以废物填充率 90% 计；2)以废离子交换树脂固化为例，固化配方中离子交换树脂体积包容量约 30%。

(3)门式搅拌方式

搅拌方式为传统的门式搅拌，如图 3－7 所示。门式搅拌桨的特点是结构简单，制造方便，适用于黏度大、处理量大的物料，容易得到大的表面传热系数，可减少“挂壁”现象。该搅拌方式的不足是搅拌速率低，水泥浆均匀拌和程度低。上述技术特点反映出传统固化技术的明显不足，即废物固化增容比较大，固化产生的废物体性能较差。

图3－7　门式搅拌桨示意图

3.2.3　改进的配方和工艺

1.改进配方

(1)无砂配方

为提高放射性含硼废离子交换树脂水泥固化的包容量，大亚湾核电厂和岭东核电厂对放射性废物处理系统原有的水泥固化配方进行了改进。改进后的固化工艺可将废离子交换树脂的体积包容量由32.4%提高至46.3%，固化体体积减小约30%[27]。以提高废离子交换树脂包容量为目标，以水泥固化体性能满足国家标准要求为准则，固化配方改进考虑的影响因素包括水泥类型和用量，离子交换树脂的特性（包括离子交换树脂的类型和含硼量等）和添加量，添加剂的组成，水灰比，固化工艺条件（包括搅拌速率、搅拌时间和加料顺序等）等，开展包括实验室冷试、热试，工程规模冷试，固化生产线性能验证等不同阶段的试验和验证。表3－3所示是改进前后废离子交换树脂的固化配方。由表可以看出，通过改进将传统的有砂配方调整为无砂配方，减少了外加剂的使用量，进而提高了废物的包容量。

表3－3　大亚湾和岭东核电废离子交换树脂改进前后固化配方

序号	内容	配方组成
1	改进前	m(水泥)∶m(废树脂)∶m(砂子)∶m(石灰)＝1∶0.34∶0.94∶0.02
2	改进后	m(水泥)∶m(废树脂)∶m(水)∶m(添加剂)＝1∶0.4∶0.4∶0.075

注：废树脂即指废离子交换树脂。

改进后的主要工艺流程如图 3 - 8 所示，固化采用 C1 型水泥桶，为桶内搅拌，搅拌桨为传统的门式结构。首先在水泥桶内加入添加剂；之后将水泥桶运至固化工位，启动搅拌桨，边搅拌边加入含硼废离子交换树脂，共搅拌 15 min；固定一定的速率连续加入水泥，视水泥浆的性状补加除盐水，水泥干料约 60 min 加完；继续搅拌至水泥浆均一，共搅拌 120 min。

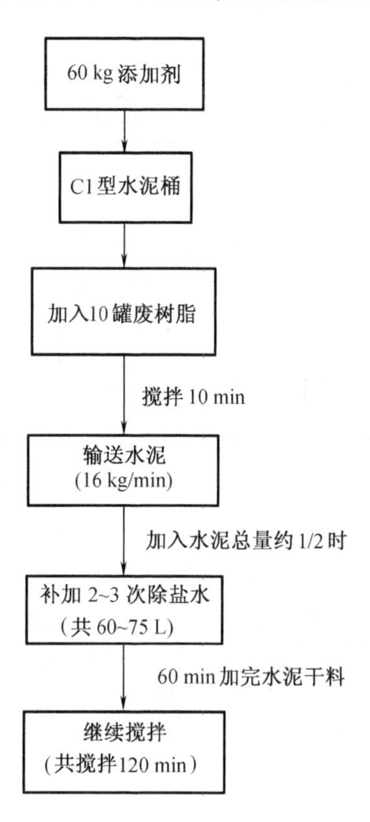

图 3 - 8　大亚湾和岭东核电废离子交换树脂改进后固化工艺流程

上述改进后的固化工艺，在 2009 年 12 月经国家核安全局批准后正式用于大亚湾核电厂和岭东核电厂共 4 台机组产生的低中水平放射性含硼废离子交换树脂的水泥固化处理，每个电站每年固体废物的产生量可减少 12 m^3 以上。

核电秦山联营有限公司组织对秦山二期废离子交换树脂水泥固化开展了无砂配方研究，改进后的无砂配方可将废离子交换树脂的体积包容量由 35.6% 提高至 46.7%。表 3 - 4 所示为改进前后废离子交换树脂的固化配方，配方中所用水泥为普通 42.5 硅酸盐水泥，添加剂包括沸石、石灰和减水剂。由表 3 - 4 可以看出，改进后配方类似于大亚湾核电厂和岭东核电厂的废离子交换树脂固化配方，将传统的有砂配方调整为无砂配方，提高了废离子交换树脂的包容量[28]。废离子交换树脂固化采用 C1 混凝土桶,改进后每桶固化废离子交换树脂的量由 305 L提高到 400 L,放射性废离子交换树脂固化体的产生量可减少 23.7%。

表 3-4　秦山二期废树脂改进前后固化配方

序号	内容	配方组成
1	改进前	m(水泥):V(废树脂):m(砂子):m(石灰)=546 kg:305 L:512 kg:14 kg
2	改进后	m(水泥):V(废树脂):m(添加剂)=900 kg:400 L:97 kg

注:废树脂即指废离子交换树脂。

图 3-9 为秦山二期改进后废离子交换树脂水泥固化工艺流程[29],将按照配方比例称量的水泥、沸石、减水剂在干料混合器中搅拌 5~10 min 至物料均匀,待用。将废离子交换

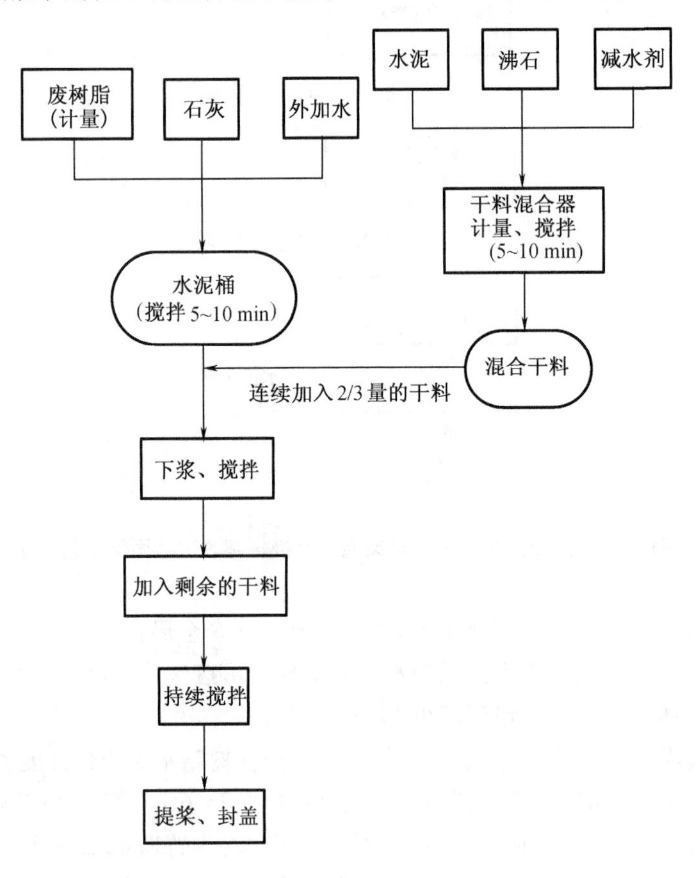

图 3-9　秦山二期废离子交换树脂水泥固化工艺流程

树脂、石灰和外加水加入水泥桶中搅拌5~10 min后，连续加入备用的混合干料，第一阶段先加入干料总量的约2/3，观察水泥浆体的流动性，可不加外加水或继续加入剩余干料，干料添加完成后，再连续搅拌10~15 min。之后，提桨加盖，完成固化操作。

(2)特种水泥固化配方和工艺

放射性废离子交换树脂是低中水平放射性废物的重要组成部分，由于离子交换树脂本身具有吸水后体积膨胀的特点，所以离子交换树脂水泥固化配方和工艺的研究是放射性废物水泥固化技术研究的热点和难点之一。清华大学与中国原子能科学研究院合作研究并设计了一套特种水泥固化处理废离子交换树脂的工艺。固化采用的特种水泥为硫铝酸盐水泥，外加剂为沸石和纤维。沸石用于改善固化体的抗压强度和增加对核素的吸附；纤维用于改善固化体的抗拉强度，以满足抗冲击性要求。特种水泥固化处理废离子交换树脂的关键技术参数如表3-5所示。图3-10为废离子交换树脂特种水泥固化工艺流程图。如图所示，用压缩空气或高压氮气(约0.3 MPa)对离子交换树脂储罐搅拌后，采用真空泵将废离子交换树脂从储罐抽至车载式接收槽中，用泥浆泵将废离子交换树脂从接收槽转移到体积为300~500 L的离子交换树脂槽中(离子交换树脂与水的比例为1.0:(1.0~1.2))；再将其送入螺旋输送机进行脱水，将脱水后的离子交换树脂用螺旋推料器送入200 L固体桶中计量；之后，在桶中加入计量好的水泥和外加剂，在搅拌装置中进行搅拌，搅拌采用行星式搅拌方式[30]。行星式搅拌是指，在工作时搅拌叶片既绕自身轴线自转又沿搅拌容器周边公转，运动轨迹类似于行星式的搅拌方式。行星式搅拌机是一种标准的水泥胶砂搅拌机，由胶砂搅拌锅和搅拌叶片及相应构件组成。搅拌叶片呈扇形，搅拌时顺时针自转外沿搅拌锅周边逆时针公转，搅拌速度分高低两种[31]。

表3-5 特种水泥废离子交换树脂固化关键参数

序号	内容	关键参数
1	固化配方	m(水泥):m(废树脂):m(外加剂):m(外加水)=1.0:1.1:0.2:0.4
2	主要工艺参数	加料顺序：废离子交换树脂→水泥→纤维→沸石； 计量方式：水泥为称重；废离子交换树脂为螺旋定量或称重； 搅拌速率：60 r/min； 搅拌混合时间：30~35 min

注：废树脂即废离子交换数脂的简称。

(3)混合固化

重水水蒸气回收系统是重水堆核电站特有的系统，其主要功能是回收重水水蒸气，降低反应堆厂房的氚水平。国内秦山第三核电厂采用4A型分子筛干燥剂进行除氚处理，每

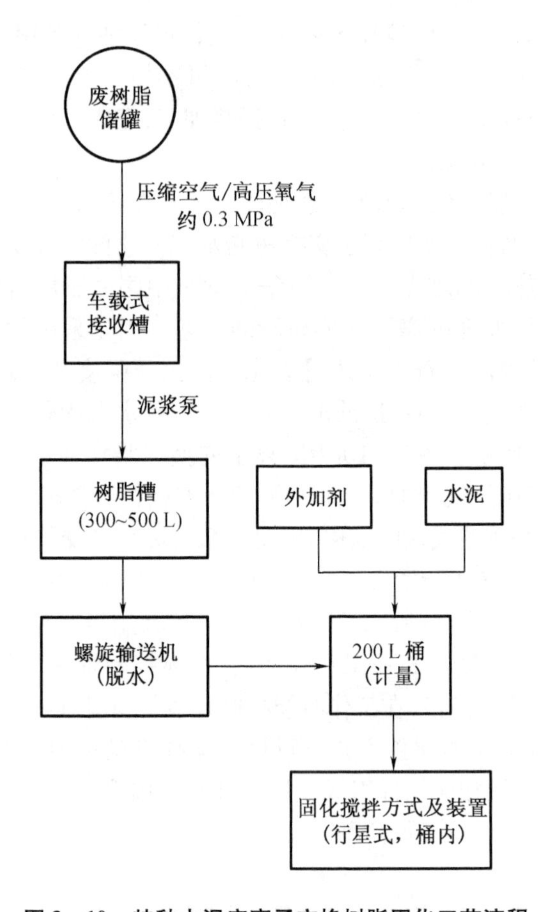

图 3－10　特种水泥废离子交换树脂固化工艺流程

年约产生 8 m^{3}失效干燥剂。失效干燥剂中的^{3}H 全部超过解控限值，部分干燥剂中的^{60}Co 和^{137}Cs 超过解控限值。为实现废物的减量化管理，结合秦山核电放射性废物可基地化管理的特点，郭喜良、杨卫兵等研究了失效干燥剂与含硼浓缩液混合减容固化的可行性[13]。

失效干燥剂固化可行性研究以秦山第二核电厂含硼浓缩液水泥固化配方为基础，秦山第二核电厂含硼浓缩液水泥固化中采用沸石作为添加剂以改善固化体的性能，而失效干燥剂的物理结构和化学特性类似于沸石。以此为依据，开展了不同粒径、不同包容量的干燥剂固化配方研究。

图 3－11 为失效干燥剂质量包容量对固化体抗压强度的影响。从中可以看出：

①经粉碎后的干燥剂(粒径小于 0.5 mm)水泥固化体的抗压强度明显高于同一质量包容量的未粉碎干燥剂水泥固化体；

②对同一类型的干燥剂，随着干燥剂包容量的增加，固化体的抗压强度呈下降趋势；

③经粉碎后粒径小于 0.5 mm 和未粉碎干燥剂的质量包容量均可达约 34%。

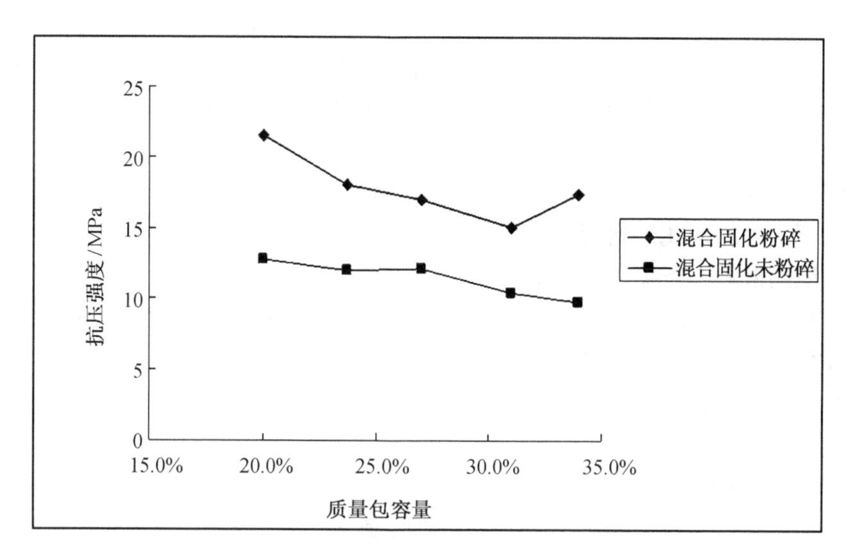

图 3-11　抗压强度随干燥剂质量包容量的变化

表 3-6 给出了抗压强度大于 7 MPa 的混合固化废物包容量。从表 3-6 可以看出，在不引入失效干燥剂时，含硼浓缩液的水泥固化体积包容量为 42%。随着干燥剂包容量的增加，废物总体积包容量呈增加趋势。其中对未粉碎处理干燥剂，当干燥剂体积包容量为 95.7%（质量包容量为 30.6%），浓缩液体积包容量为 23.4%（质量包容量为 18.1%）时，混合废物的总体积包容量为 119.1%，可实现废物的减容处理。对经粉碎后粒径小于 0.5 mm 干燥剂，混合固化后的总体积包容量为 122.5%，同样可实现废物的减容处理。

表 3-6　固化体中废物的包容量

序号	干燥剂类型	干燥剂包容量		浓缩液包容量		总包容量	
		质量	体积	质量	体积	质量	体积
1	未粉碎	30.6%	95.7%	18.1%	23.4%	48.7%	119.1%
2	未粉碎	15.4%	44.6%	20.4%	32.3%	35.8%	76.9%
3	未粉碎	9.5%	26.7%	23.3%	37.0%	32.8%	63.7%
4	未粉碎	5.1%	15.4%	24.9%	42.8%	30.0%	58.2%
5	粒径 <0.5 mm	33.3%	103.5%	16.5%	19.0%	49.8%	122.5%
6	未添加干燥剂	0.0%	0.0%	25.6%	42.0%	25.6%	42.0%

如果对含硼浓缩液和失效干燥剂分别进行水泥固化处理,则以含硼浓缩液增容比约2.5计算,秦山核电基地15 m^3/a所产生的浓缩液废物固化体约37.5 m^3;以失效干燥剂固化增容比约1.6计算,秦山三厂失效干燥剂8 m^3/a所产生的失效干燥剂固化体约12.8 m^3,共计约产生50.3 m^3废物水泥固化体。如果采用混合固化处理,以表3-7中的第3组配方为例,秦山核电基地每年共计约产生40.5 m^3 混合废物水泥固化体,水泥固化体的产生量每年可减少约19.5%。

上述含硼浓缩液+失效干燥剂混合固化的主要操作步骤如下:

①按照固化配方准备水泥基料和添加剂;

②将除石灰外的固化干料混合均匀待用;

③加入浓缩液和石灰搅拌10 min;

④加入90%的外加水,边搅拌边加入混合干料,加料过程中根据水泥浆流动度逐渐补加剩余的外加水,10~15 min加完干料;

⑤干料加完后,继续搅拌10 min。

2. 工艺和设备的改进

(1)双螺旋桶内搅拌固化工艺和设备

双螺旋桶内搅拌装置由德国NUKEM公司研制,采用的是一种高效的双排行星式搅拌方式。该装置传动机构为动轴线行星式齿轮传动,输出的两轴通过联轴节与螺带式搅拌桨轴相连,带动两带式螺旋桨沿相反方向自转,在互相啮合中绕中心轴公转,使螺带缘的物料沿桶体内上升至顶部,再沿轴向下。搅拌桨还可在桶内上下移动和正反方向旋转运动,使固化物料充分混合。与传统搅拌方式相比,该搅拌装置可使桶内搅拌的废物填充量达到90%及以上,不飞溅,适用于各种加料方式。在国内,双螺旋搅拌桨最早应用于岭澳二期TES系统水泥固化处理过程。岭澳二期TES系统水泥固化生产线(包括处理技术和设备)由美国西屋公司提供,美国西屋提供的设备原型为桶外连续搅拌工艺,固化所需的各种配料在连续下料过程中通过高速旋转的搅拌桨实现对水泥浆的拌和,该搅拌桨为叶片式结构。在系统废物固化试验过程中发现,该搅拌工艺无法制备均一的水泥浆,如图3-12所示。之后,对搅拌工艺进行了改进,将叶片式结构改为双螺旋结构,双螺旋桶内搅拌制备的水泥浆均一性好,400 L固化桶表面相对平整,如图3-13所示。

图3-14为岭澳二期TES系统水泥固化/固定流程示意图[32]。首先对待处理的废物进行计量或预处理(对浓缩液的硼进行中和处理);按照预定的固化配方,对各组配方组成进行计量;之后,将各组分用泵送至搅拌器中搅拌;水泥浆浇注或装桶。对浇注完成的400 L标准水泥固化桶实施放射性核素全分析和表面污染测量,合格的水泥固化桶养护、暂存。

目前新建核电站基本上均采用了类似于岭澳二期TES系统水泥固化生产线的工艺和设备,包括红沿河、宁德、防城港、阳江、方家山、福清以及海南昌江核电厂。

(a)

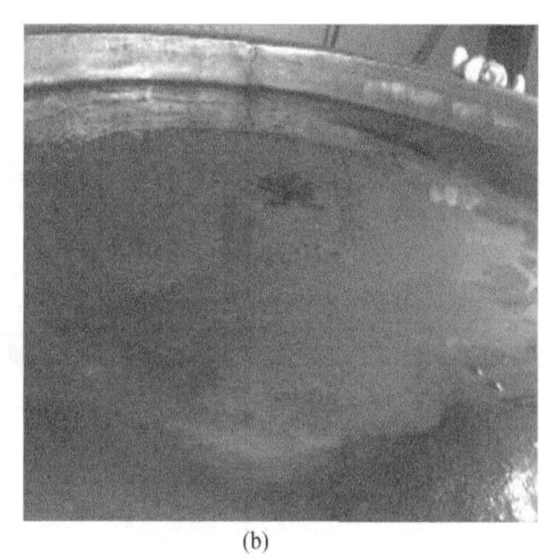

(b)

图 3－12　改造前叶片式桶外搅拌

(a)叶片式搅拌桨;(b)固化搅拌后的泥浆

(a)

(b)

图 3－13　改造后双螺旋桶内搅拌

(a)双螺旋搅拌桨;(b)搅拌完成后的 400 L 固化桶

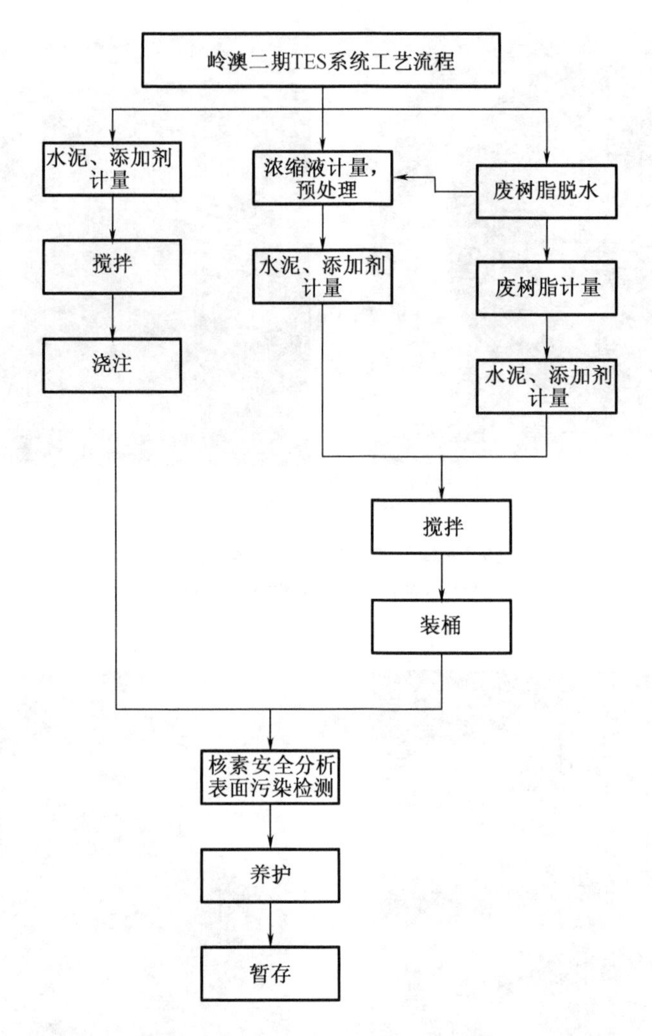

图 3－14　岭澳二期 TES 系统水泥固化/固定流程示意图

红沿河核电厂废离子交换树脂水泥固化的工艺流程如图 3－15 所示。固化前，须对离子交换树脂进行脱水处理；脱水后离子交换树脂和外加水分别进行计量，同时加入固化桶；之后加入固化用添加剂，开始搅拌，边搅拌边加入石灰，约 3～5 min 加完；再连续搅拌 900 s；将按照 400 L 固化桶，92.5% 废物填充率，计算并计量好的水泥，分批次边搅拌边加入，17 次加完，共计 30～40 min；搅拌由系统自动控制，由慢到快，搅拌速率范围为 125～175 r/min。

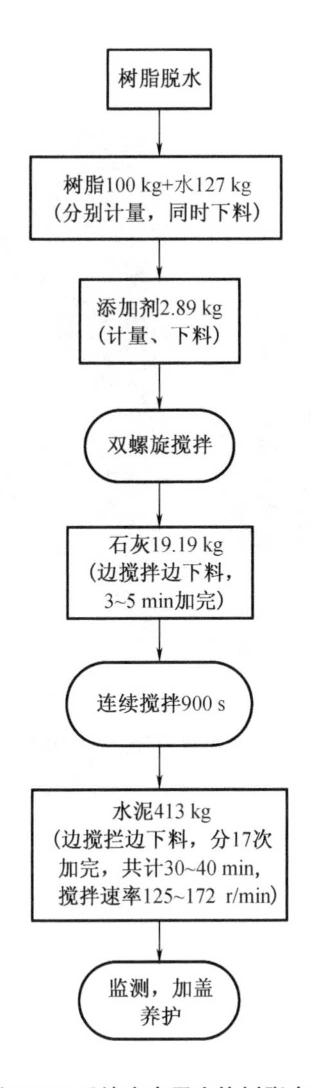

图3-15 红沿河TES系统废离子交换树脂水泥固化工艺流程

(2)简易废物固定技术和设备

废过滤器芯、可压实废物或不可压实废物采用水泥固定进行处理。与含硼浓缩液和废离子交换树脂水泥固化相比,水泥固定工艺操作简单,固定体性能主要依赖于水泥砂浆或混凝土本身的特性。因此,原则上废物固定的设备或工艺比水泥固化的要简单。在实践中,不同类型的废物固化或固定均在同一套固化生产线上完成,只是根据废物类型和固化配方的不同,选择不同的工艺操作参数来完成。目前,国内新建方家山核电实现了废物固化处理与废物固定处理的分离，建立了简易可移动式的废物固定装置，如图 3－16 所示。该装置由加料、搅拌和浆体输送三部分组成，可用于压实废物和不可压实废物的处理。

(a)

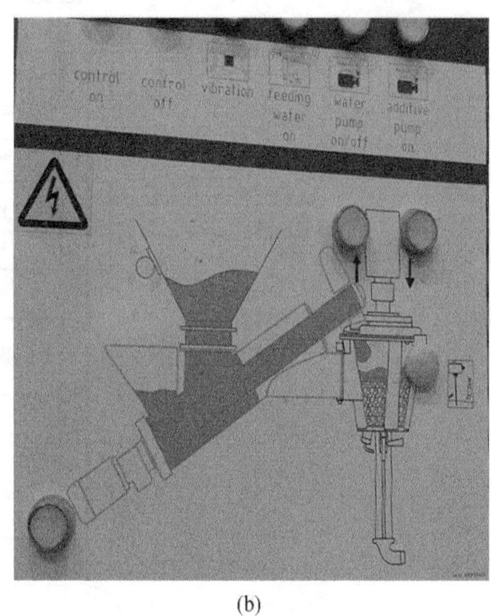

(b)

图 3－16　简易可移动式废物固定设备

(a)设备实物图；(b)设备结构示意图

3.3　高效固化处理技术

3.3.1　含硼废液水泥固化技术

1. 台湾含硼废液高效水泥固化技术(PWRHEST)

压水堆核电站运行产生的含硼废液，首先是加入氢氧化钠调节 pH 值至 7～11，之后经蒸发浓缩形成含硼浓缩液，浓缩液中硼的质量分数为 2.0%～4.0%。压水堆核电站放射性含硼浓缩液是低中水平放射性废物的主要组成之一，通常采用水泥固化进行处理。硼酸的存在对水泥水化过程是不利的，因为硼酸可以与水泥中的氧化钙发生反应生成硼酸钙晶体($CaO \cdot B_2O_3 \cdot nH_2O$)，可在水泥颗粒表面形成一层晶体膜，阻滞进一步的水化反应。传统的方法是在固化过程中加入石灰来降低硼酸的影响，但是该方法并不能有效改善硼酸的缓凝过程，另外硼酸的包容量有限，硼酸的质量包容量不超过 10%。

台湾核能所开发了一种含硼废液高效水泥固化技术，有效改善了上述传统固化处理技术的不足。该技术的优点如下：

①使用成本低的无机固化剂；

②废物减容效果好，该高效水泥固化技术对废物的体积包容量是传统水泥固化方法的2.5～10倍；

③设备简单，易操作；

④固化体性能良好[33]。

该技术采用了反向思维的方式，利用硼酸钙在水泥颗粒表面形成不溶性晶体薄膜的特点，进一步提高硼酸盐的含量，使得不溶性晶体不仅仅在水泥颗粒表面形成，在其他位置生成更多的不溶性晶体，进而形成一个较硬的主体结构。该结构的形成一方面可有效提高固化体的机械性能，同时也提高了硼酸盐的包容量[33]。该过程的另一种解释为，高浓度的硼酸盐具有聚合特性，在过饱和状态下，硼酸盐将以高分子聚合物形态与水泥基料作用，形成高强度的水泥固化体[34]。

只有当硼酸盐的质量分数达到一定值时，才会发生上述不同于传统水泥固化的硬化机理，反应形成不仅仅覆盖在水泥颗粒表面的坚硬的晶状固体主体结构。研究结果为，硼酸盐的质量分数至少须达到50%，最好大于60%。硼酸盐在水中的溶解度很低，为了保持高的硼酸盐的质量分数，应调整硼酸盐溶液中钠与硼的摩尔比，即 $r = n(\mathrm{Na})/n(\mathrm{B})$，通常要求 $\frac{n(\mathrm{Na})}{n(\mathrm{B})}$ 为0.15～0.55，最好能保持在0.29～0.32范围内。在合适的 $\frac{n(\mathrm{Na})}{n(\mathrm{B})}$ 条件下，质量分数在70%以上的硼酸盐溶液在40 ℃时仍不会出现结晶。

研究结果表明，高浓缩度硼酸盐水泥固化在提高固化体强度的同时，可减少外加水的用量，高浓度硼酸盐溶液与水泥基料经高速搅拌混合后，几乎不需要外加水，可得到流动性很好的水泥浆，易于浇注和灌浆。水泥浆在10～30 min内失去流动性，硬化时间取决于水泥与硼酸盐的质量比。以波特兰水泥为例，水泥与硼酸盐的质量比（m(水泥)/m(硼酸盐)）应为0.2～1.2（最好为0.4～0.7）时，可在合适的时间内硬化。如果质量比过低，则无法硬化；如果过高则硬化速度过快，后续的浇注和灌浆则无法操作，结果使固化体性能变差。

本技术所使用的固化剂，除了水泥基料外，使用的添加剂还有高炉渣、飞灰、金属氧化物或无机盐，如硅石（二氧化硅）、氧化镁、石膏（硫酸钙）等。研究结果表明，固化过程首先加入硅石，其次加入水泥基料，有助于提高固化体的机械强度和抗浸出性，降低水化热的释放速率。硅石的添加量可大于水泥粉，硅石与水泥的质量比可为1.5，较好的比例范围是0.9～1.1。另外，添加水泥前，可加入一些增强型纤维，如石墨纤维、玻璃纤维、钢铁纤维等，这些纤维有助于水泥在水泥浆体的分散，提高固化体的均一性和改善固化体的强度。

该技术不仅可应用于硼酸盐的固化，调整配方后也可应用于沸水堆硫酸盐废液和离子交换树脂的固化，硼酸盐的质量包容量高达60%，硫酸盐的质量包容量也可达到60%，离子交换树脂的质量包容量约15%。与传统固化技术相比，三种类型废物的体积包容量分别约为传统技术的 8 倍、10 倍和 2.5 倍。该技术也适用于焚烧灰的固化。该技术研究的配方更适合于桶内固化工艺,可考虑弃桨方式。现以含硼废液水泥固化为例来阐明该技术的固化工艺流程,如图 3-17 所示[33,35]。

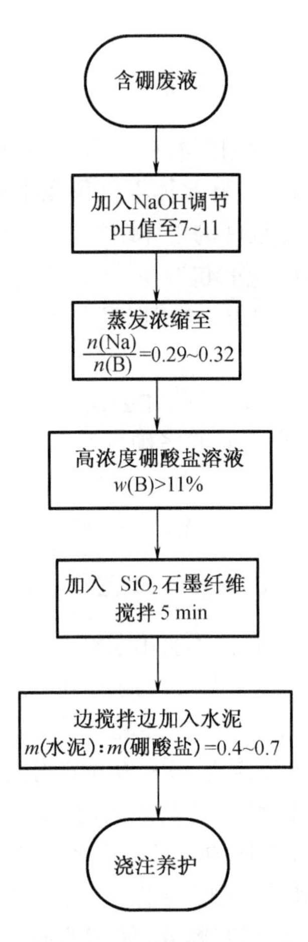

图 3-17　台湾含硼废液高效水泥固化工艺

该技术已获得 15 个国家的发明专利,并应用于台湾马鞍山核电站含硼浓缩液的固化处理,该技术也已授权日本日立公司[34]。

2. 日本先进水泥固化工艺

(1)高减容水泥固化(HEST 技术)[36]

日本 Hitachi 在台湾开发的 PWRHEST 技术基础上,开发了一种压水堆高减容固化技术(HEST 技术)。该处理系统分为两个子系统,第一个是超浓缩子系统;第二个是固化子系统。

如图3－18所示，含硼浓缩液中硼的质量分数$w(B)$为2.1%，$\frac{n(Na)}{n(B)}$为0.3。第一步经真空、超级浓缩后，废液中$w(B)$为12.5%。之后，将高浓缩的含硼废液进行固化处理。固化采用桶内搅拌工艺，搅拌装置由一个门式搅拌桨和一个扩散式搅拌桨组成，两个搅拌桨通过一对行星式轴驱动，以不同的速率转动，这种双搅拌桨设计可获得良好的搅拌效果。搅拌装置的平均搅拌速率为1 500 r/min。固化体中固化剂的质量分数为25%～30%，干硼酸盐的质量包容量大于50%。与沥青固化相比，该技术的体积减容比为2.5。

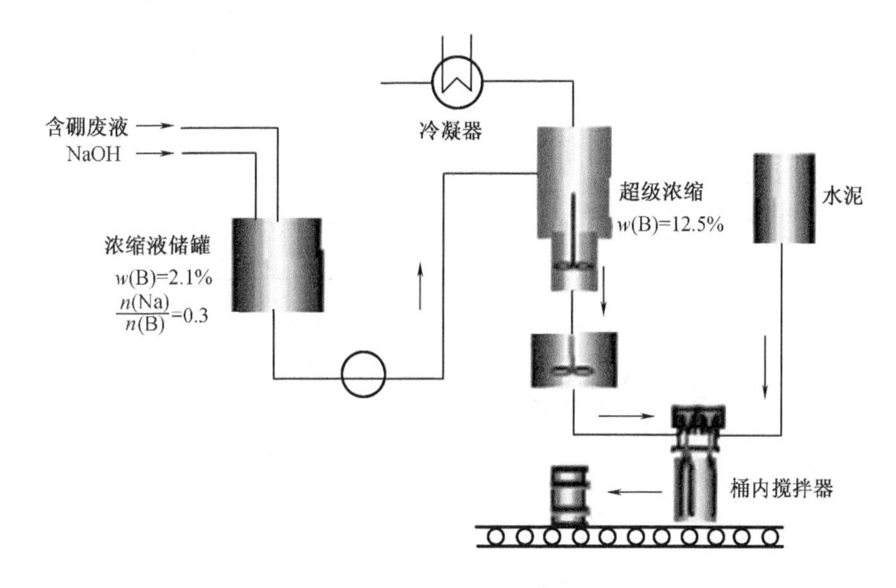

图3－18 日本HEST系统

(2)干燥＋水泥固化高减容处理工艺[37]

针对压水堆含硼浓缩液废物，日本Toshiba公司开发了一种高减容水泥固化技术。该技术工艺流程分为两步，一是含硼废液的干燥，二是干燥产物的水泥固化。

该技术的详细工艺流程如图3－19所示，处理对象为压水堆核电站产生的$w(B)$为2.1%的废液。第一步是将废液进行预处理，加入氢氧化钙将可溶性含硼盐转化为不溶性盐，不溶性盐不会影响后续的水泥水化反应。第二步是废液的干燥处理，干燥采用Toshiba公司研发的薄膜蒸发器完成。干燥最适宜的条件是废液的$\frac{n(Ca)}{n(B)}$为0.4～0.6，该条件下，废液干燥的去污系数为300～400，干燥后盐粉的含水率小于10%。然后，将干燥的盐粉，与水泥、外加剂和外加水混合搅拌进行固化处理。该技术采用的固化剂为普通波特兰水泥，添加剂为高炉渣。与传统水泥固化技术相比，该技术产生的废物量为传统技术废物量的1/8。

3. 造粒固定工艺

制粉造粒固化最早由美国蒙德(Mound)实验室提出并用于焚烧灰的固化处理。20 世纪 80 年代中期,日本对该技术进行了广泛研究。研究主要以压水堆核电站产生的含硼浓缩液为对象,开展浓缩、干燥、造粒和固定技术研究,提出该技术分成制粉、压片、固定三步骤的处理工艺[35,38],如图 3-20 所示。首先是将含硼废液浓缩至 $w(B)$ 为 2.1% 的浓缩液;浓缩液经干燥后成为盐粉;在 34.5 MPa 的压力下,将粉末制成 0.5 mm 的颗粒;颗粒压片后用水玻璃进行固定。

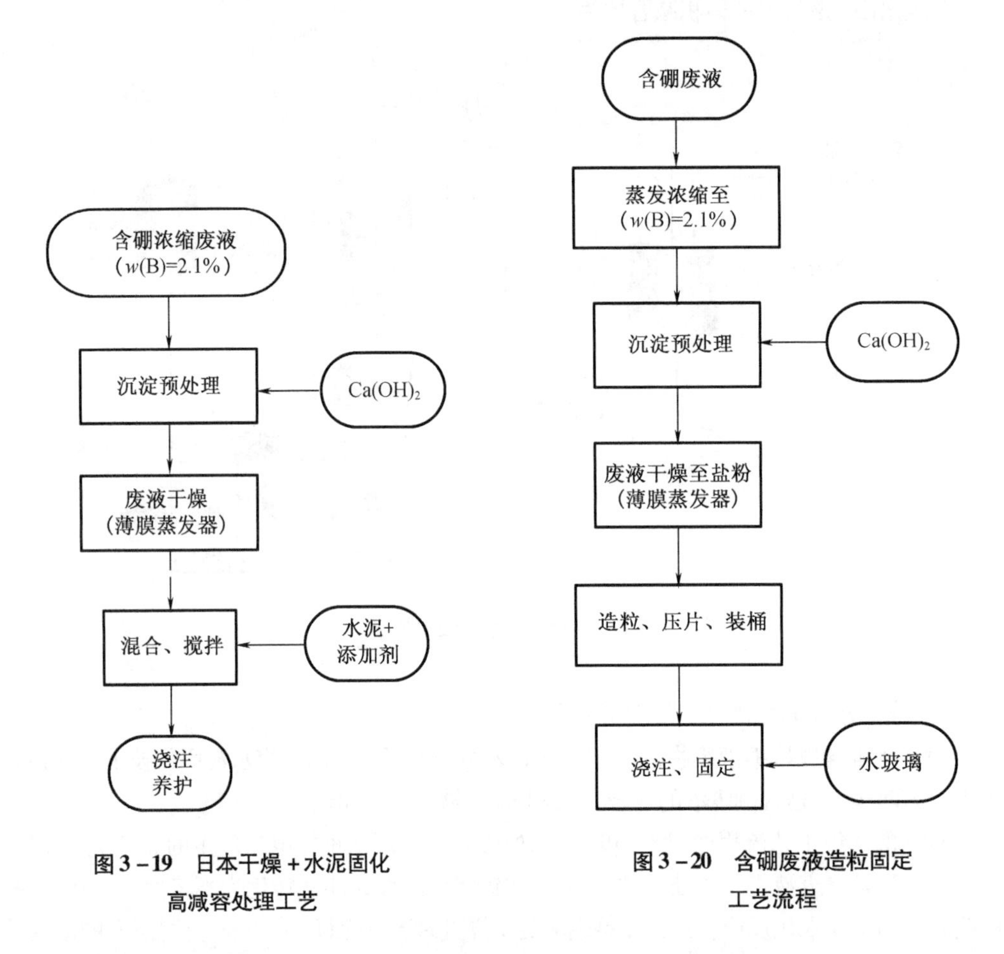

图 3-19 日本干燥+水泥固化高减容处理工艺

图 3-20 含硼废液造粒固定工艺流程

21 世纪初,中国辐射防护研究院开展了很多基础性研究,包括含硼废液喷雾干燥制粉处理工艺和台架装置研究,盐粉造粒技术研究,水玻璃固定技术研究等[39]。

以 $w(B)=2.1\%$ 的模拟含硼废液为对象,设计、安装、建立了一套生产能力为 10 kg/h 的多功能模拟含硼废液喷雾干燥台架试验装置,如图 3-21 所示[35]。该装置的供料控制温度为 62 ~ 64 ℃,干燥塔进出口温度分别为 210 ~ 220 ℃和 110 ~ 120 ℃,压缩空气流量为 8.0 m^3/h,雾化器转速为 73.0 m/s。在上述控制条件下，采用旋转式雾化并流、气流式雾化以及并流与气流式雾化混合流动三种雾化方式均可获得满足造粒要求的合格盐粉。调整盐粉加水率在 2.2% ~5.5% 时，经造粒机制成的颗粒抗压强度大于 40 MPa。

图 3－21　含硼废液喷雾干燥处理装置

盐粉造粒技术研究考虑了造粒压力、盐粉含水量，以及废液中添加剂使用等因素对造粒产品性能的影响。研究指出，对 $w(B)=4\%$ 的含硼废液，造粒压力为 100 ~ 120 kN，外加水量约为 10%，废液中加入 5% 的滑石粉时，可成功造粒。模拟含硼废液经过喷雾干燥制粉后，喷雾制粉的减容系数为 0.62。盐粉制成粒后，造粒的减容系数为 0.31。预计整个造粒固化工艺的减容系数为 0.38[31,38]。

3.3.2　废酸高效固化工艺

核设施运行和退役过程中，一般采用酸性去污剂对设施和工器具进行去污处理。磷酸是最常用的一种酸性去污剂，有时也加入四氟硼酸以提高对不锈钢的去污效果，磷酸与四氟硼酸的质量比约为 6∶1。放射性污染酸性去污剂的传统处理方法是：将去污剂稀释后，用阴离子交换树脂进行纯化处理，处理效果好的去污剂可进行再循环再利用，否则进行固化处理。首先在稀释后的酸性废液中加入氢氧化钠调整废液的 pH 值;然后,再加入硝酸钙生成磷酸钙沉淀[40]。该处理过程将产生大量的二次液体废物和固化废物,不利于废物的减量化处理。

台湾核能研究所(INER)开发了一种磷酸废液的高效水泥固化处理工艺[41]。该处理工艺利用的主要是高浓度磷酸的自聚合特性。如图 3-22 所示,其主要工艺流程如下:

①采用真空蒸发的方法将废酸液浓缩为 50% ~65% 的浓缩液。

②用氢氧化钡调节废液的 pH 值约为 3.0(采用氢氧化钡代替常用的氢氧化钠和氢氧化钙。调节 pH 值的原因有两点:一是氢氧化钠和氢氧化钙的使用易导致固化体质量出现缺陷;二是磷酸钡的流动性要优于磷酸钙,有利于固化操作)。

③分别依次加入水泥、高炉渣和飞灰,三种物料的配比为按照台湾高效水泥固化的专利配方;三种物料的总量约为 pH 值调节后废酸液质量的 1/5 到 1/4。

④在低温条件下(30 ~40 ℃)进行混合搅拌。

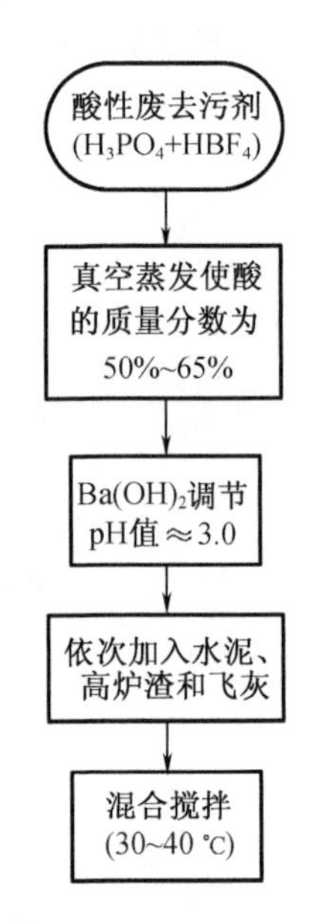

图 3-22 酸性去污剂高效固化工艺流程

最终产生水泥固化体抗压强度和抗浸出性良好,固化体体积约为初始废酸液体积的 80%,是一种减容处理工艺。以质量为单位进行核算,废物固化体中废酸占 70.6%,固化剂为 20.5%,中和剂为 8.9%。该处理工艺已得到台湾放射性废物监管部门的批准,并建立了工业规模的酸性去污剂水泥固化处理设施。

3.3.3 废离子交换树脂氧化废液高效固化技术

1. 技术优势

放射性废离子交换树脂的处理,一直是低中水平放射性废物处理的难点和热点问题之一。从废物长期安全和减量化处理的角度出发,台湾开发了废离子交换树脂湿法氧化结合高效水泥固化处理的技术(WOHEST)[34]。该技术的显著优势如下:

①与直接固化相比,该技术可大大降低废物体积,实现放射性废物的最小化管理;

②可实现有机物的无机化处理,降低了废离子交换树脂溶胀和辐照降解气体的有害影响,提高废物的暂时储存和长期处置的安全性[42]。

2. 废液组成

废离子交换树脂湿法氧化废液的主要组成为硫酸铵和极少量催化剂硫酸盐,如硫酸铁或硫酸铜。可溶性硫酸盐的存在易于固化剂中的氧化铝、碳酸钙等反应形成低密度的钙矾石,低密度钙矾石的存在易导致固化体变形,直接影响固化体的长期稳定性。

3. 工艺流程

如图 3－23 所示，固化处理前首先需要对氧化废液进行溶液 pH 值调节和转化浓缩处理。该技术中采用氢氧化钡作为 pH 值调节剂和转化剂，加入氢氧化钡可调节反应液的 pH 值，使 NH_4^+ 转化为 NH_3 排出；同时，氢氧化钡作为转化剂将可溶性硫酸根反应生成溶解性很低的硫酸钡[43]。采用氢氧化钡的优点如下：

①硫酸钡溶解度低，密度大，固化过程中可在固化体结构中起到骨料的作用，可提高固化体的机械性能；

②硫酸钡在水泥浆体中容易分散，不会结块，便于水泥浆体的输送和固化操作[44]。

在经浓缩和脱氨处理后的废液需冷却到 40 ℃以下，之后加入专用的固化剂进行混合搅拌固化处理。固化剂为水泥和火山灰活性材料，如硅灰、飞灰、高炉矿渣粉等。另外，一些硅酸盐、磷酸盐，和钙、硅、镁、铝、铁、锌的氧化物或盐等也可作为添加剂用于改善固化体的性能。

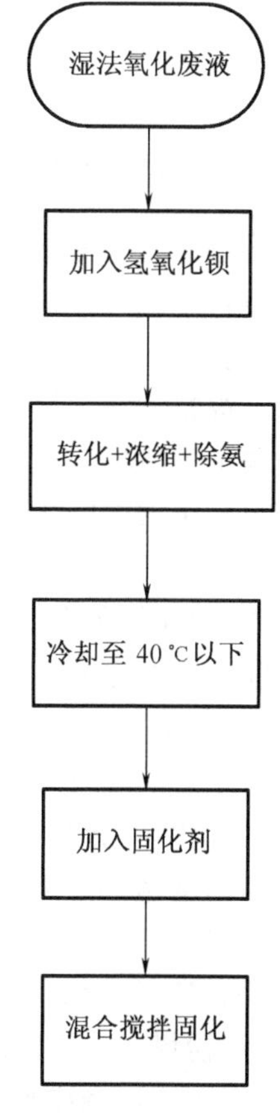

图 3－23　树脂氧化废液水泥固化处理工艺流程

4. 减容效果

采用该废离子交换树脂湿法氧化＋高效水泥固化技术，阳离子交换树脂与阴离子交换树脂体积比为 1∶1 的混合树脂经处理后，体积减容比约为 3.5。该处理技术的减容效果与混合树脂的类型有关，当阳离子交换树脂体积分数大于 50% 时，减容比小于 3.5；当阳离子交换树脂体积分数小于 50% 时，减容比大于 3.5。

3.3.4　硫酸钠浓缩废液高效固化技术（BWRHEST）

硫酸盐对硅酸盐水泥的水化作用的影响具有不确定性，其中值得关注的是，硫酸盐的存在可能导致水化产物生成石膏而不是钙矾石，或者延迟钙矾石的生成，这些影响对固化基体结构的稳定性是不利的。为提高废物的包容量和改善废物固化体的性能，台湾开发了沸水堆硫酸钠浓缩废液与废离子交换树脂混合固化的处理技术，获得了较好的减容效果和性能良好的固化体。该技术获得了美国、欧盟、日本等多项发明专利。该技术已于 2005 年在台湾国圣核电站建立并顺利运行，采用该技术可将原固化废物量减少约 2/3[34]。详细技术内容参见第 3.3.1 中 1 条。

3.4 其他水泥固化/固定技术

3.4.1 大体积水泥浇注

大体积水泥浇注是一种放射性废液处理与处置相结合的技术。该技术是将中低水平放射性废液与水泥及外加剂均匀混合后，连续浇注在一个预设的钢筋混凝土池内，实现就地固化处置。

美国汉福特和萨凡那河两个军用后处理厂于20世纪80年代中期，将其后处理产生的低放废液与水泥、飞灰、氢氧化钙和黏土混合均匀后，将水泥浆注入近地表深度、带有衬钢板的钢筋混凝土槽中固化，并永久处置。汉福特厂每个混凝土槽可容纳废液水泥浆体积为5 300 m^3[45]。

我国于1983年致力于大体积水泥浇注固化处置中放废液的研究。1985年起开始大体积水泥浇注固化配方的研究，以后处理厂产生的中放蒸残液和元件脱壳产生的偏铝酸钠废液为固化对象，开展配方和固化体性能研究。固化体性能包括流动性、凝固性、泌水性、机械性能和水化热的温升等[46-48]。1986年，我国某厂建成了一套模拟工程冷试验装置，前期调试结果为固化体均匀、密实、无裂纹，抗压强度大于5 MPa，但固化体内部温升较高，固化块内部最高温度达119 ℃[45]。在中放废液大体积浇注水泥固化模拟料液试车阶段，可测的固化体中心温度甚至达到170℃，固化体表面产生深度不等的裂缝和大量盐析现象[49]。因此，固化体的温升是影响大体积浇注水泥固化体质量的一个重要因素。经固化配方调整改进，通过添加粉煤灰来降低由水化热引起的温升问题，可使固化体温升控制低于90 ℃[50]。研究表明，将大体积浇注水泥固化体的温度控制在90 ℃以下，可有效防止裂缝的产生[49]。

以后处理厂产生的有机废液(30%磷酸三丁酯+70%煤油)为处理对象，中国辐射防护研究院和中国原子能科学研究院开展了大体积浇注水泥固化配方的研究。研究结果均推荐了两组可供工程示范验证的有机废液固化配方，固化需使用吸附剂、乳化剂等添加剂[51,52]。有机废液的质量包容量为14%～18%，流动度大于0.17 m。通过使用添加剂，可使水泥浆的流动性保持时间大于15 min，水泥固化体的温升最高为62 ℃，固化体抗压强度大于5 MPa。

大体积水泥浇注固化的最终目标是实现放射性废物的安全处置。自20世纪80年代以来，国内没有制定大体积浇注水泥固化体质量控制的专用标准要求，从早期配方开发至工程研究、冷试、热试直到运行的整个过程中，主要参照《低中水平放射性废物固化体性能要求 水泥固化体》(GB 14569.1)和《放射性废物固化体长期浸出试验》(GB 7023—1986)的相关要求。而实际情况表明，大体积水泥浇注固化体性能并不能完全满足GB 14569.1的相关要求，GB 14569.1的各项指标也并不全都适应该类型水泥固化体。根据国内中放废液大体

积浇注水泥固化工程历年的运行情况和国外有关经验,文献[49]指出,对大体积浇注水泥固化体:

①抗压强度应分阶段给予评估,参照值应为 2 MPa(28 d 养护)、4 MPa(60 d 养护)和 7 MPa(90 d 养护);

②应增加对固化体最高温度的要求,推荐大体积浇注水泥固化体的中心温度控制在 90 ℃以下;

③增加水泥砂浆的相关性能要求,建议水泥浆流动度为 170 ~ 220 mm;初凝时间不小于 2.5 h,不大于 36 h;

④大体积水泥浇注固化体储存在冻土层以下,不存在冻融问题,建议大体积浇注水泥固化可不开展此项性能验证。

大体积水泥浇注技术已成功应用于兰州铀浓缩厂对中放废液的固化处置。图 3 - 24 和图 3 - 25 分别为大体积水泥浇注固化工艺流程图和浇注处置示意图[50]。

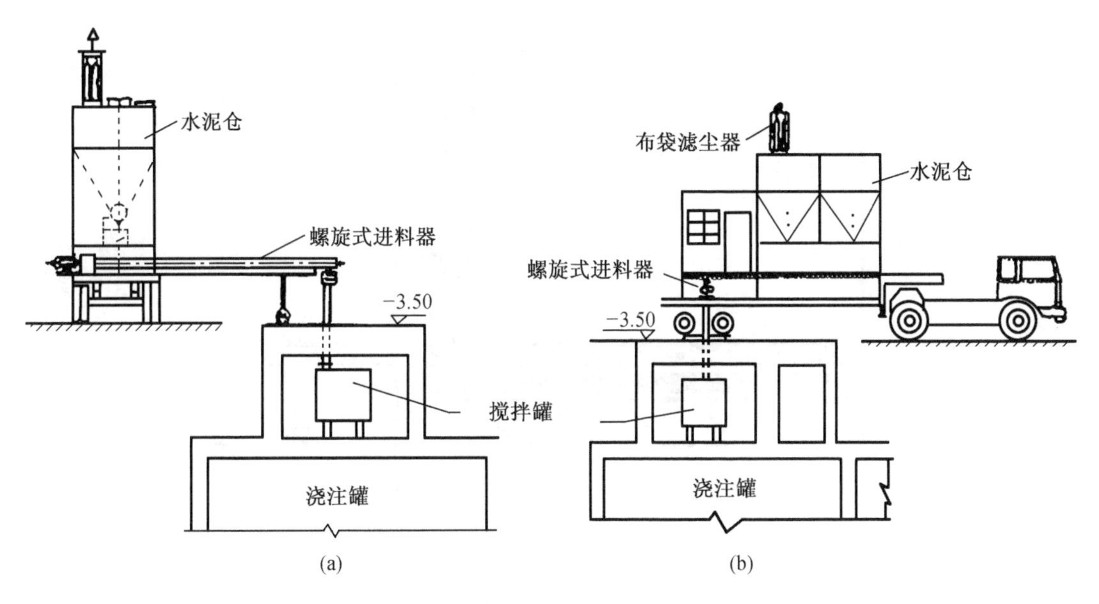

图 3 - 24　大体积水泥浇注固化工艺流程示意图

(a)侧视图;(b)主视图

3.4.2　水力压裂

水力压裂常用于石油工业。该方法应用于低中水平放射性废物管理领域,既是一种废物处理方法,也是放射性废物的处置方法。水力压裂处理、处置放射性废液是在地下不渗

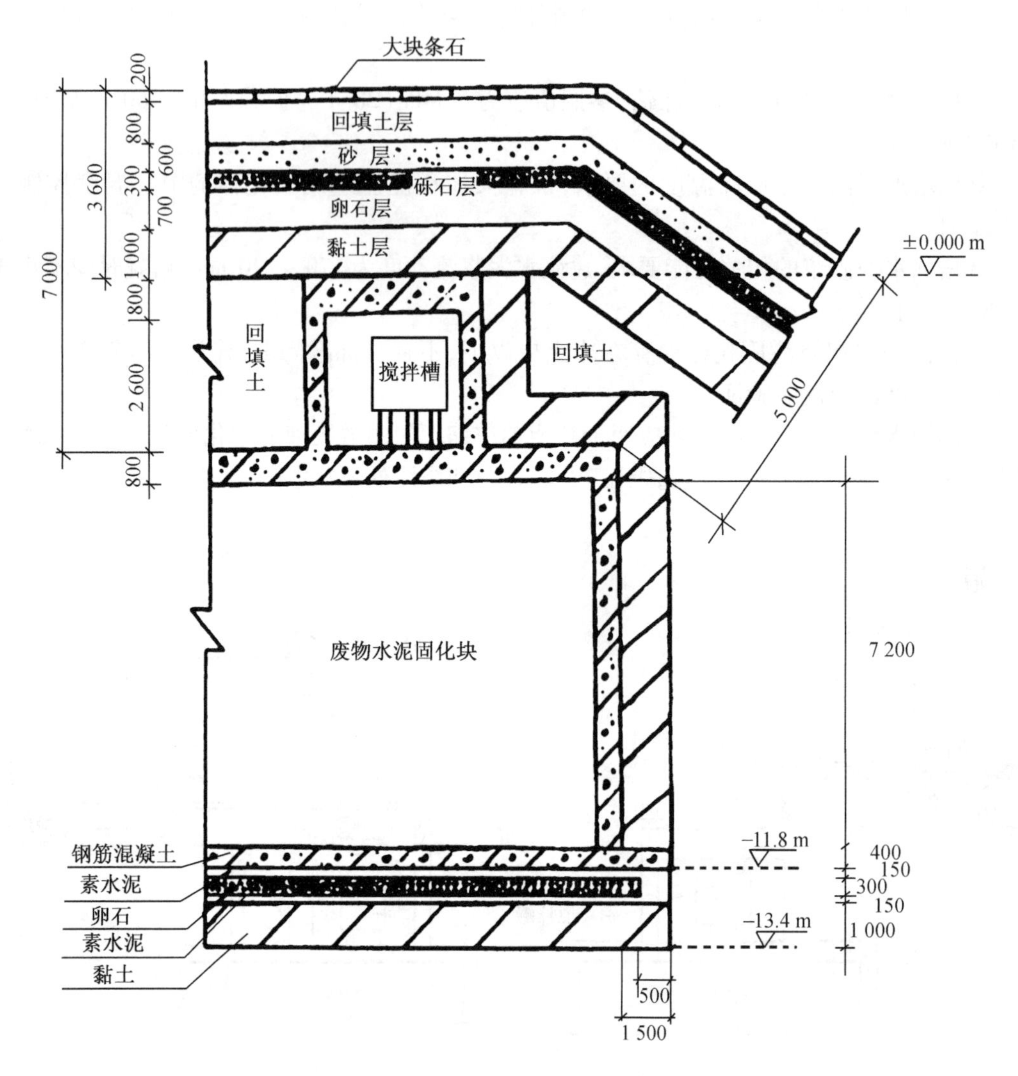

图 3–25　大体积水泥浇注处置示意图

注:图中数字单位为 mm

透的页岩层中,通过钻孔下钢套管固井建成几百米深的注射井,利用石油工业压裂技术,使页岩层产生水平裂缝,加压将废液、水泥砂浆及外加剂制成的浆液注入该页岩层,使废液固结在页岩层的裂缝中的一种处理、处置方法[45]。

美国橡树岭国家实验室最早将水力压裂技术应用于中放废液的处理、处置。在 1966 年至 1979 年,用该技术成果处置放射性废水泥浆 8 000 m^3,放射性总活度约 2.2×10^{16} Bq,放

积浇注水泥固化工程历年的运行情况和国外有关经验,文献[49]指出,对大体积浇注水泥固化体:

①抗压强度应分阶段给予评估,参照值应为2 MPa(28 d养护)、4 MPa(60 d养护)和7 MPa(90 d养护);

②应增加对固化体最高温度的要求,推荐大体积浇注水泥固化体的中心温度控制在90 ℃以下;

③增加水泥砂浆的相关性能要求,建议水泥浆流动度为170~220 mm;初凝时间不小于2.5 h,不大于36 h;

④大体积水泥浇注固化体储存在冻土层以下,不存在冻融问题,建议大体积浇注水泥固化可不开展此项性能验证。

大体积水泥浇注技术已成功应用于兰州铀浓缩厂对中放废液的固化处置。图3-24和图3-25分别为大体积水泥浇注固化工艺流程图和浇注处置示意图[50]。

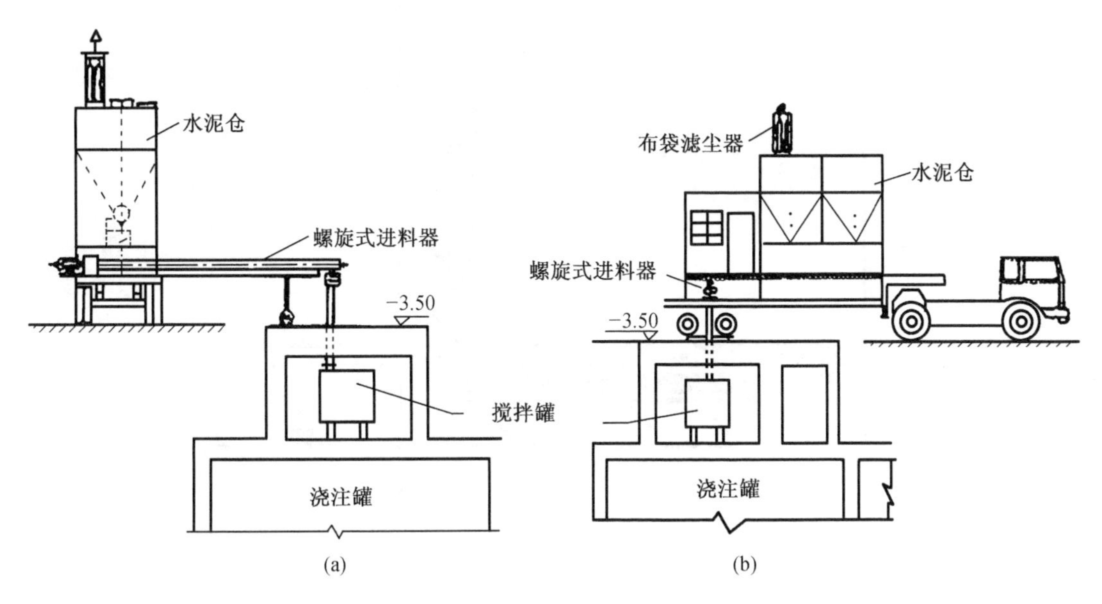

图3-24　大体积水泥浇注固化工艺流程示意图

(a)侧视图;(b)主视图

3.4.2　水力压裂

水力压裂常用于石油工业。该方法应用于低中水平放射性废物管理领域,既是一种废物处理方法,也是放射性废物的处置方法。水力压裂处理、处置放射性废液是在地下不渗

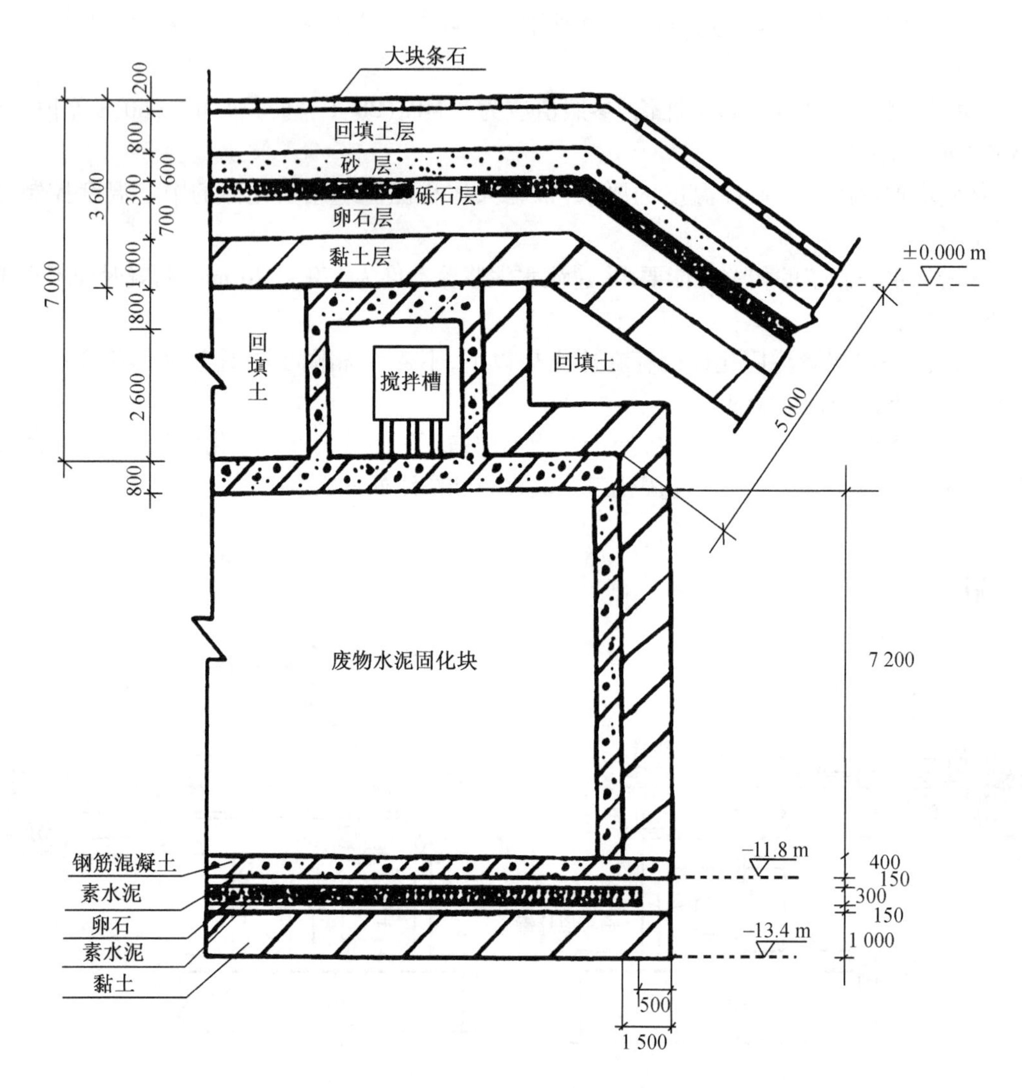

图 3-25　大体积水泥浇注处置示意图

注:图中数字单位为 mm

透的页岩层中,通过钻孔下钢套管固井建成几百米深的注射井,利用石油工业压裂技术,使页岩层产生水平裂缝,加压将废液、水泥砂浆及外加剂制成的浆液注入该页岩层,使废液固结在页岩层的裂缝中的一种处理、处置方法[45]。

美国橡树岭国家实验室最早将水力压裂技术应用于中放废液的处理、处置。在 1966 年至 1979 年,用该技术成果处置放射性废水泥浆 8 000 m^3,放射性总活度约 2.2×10^{16} Bq,放射性核素以^{137}Cs为主,此外还有少量的^{90}Sr等其他核素。在此基础上,1982 年建成了一个新水力压裂厂,新厂共注射 13 次中放废液,共处置 2 800 m^3废物水泥浆[53]。美国橡树岭国家实验室水力压裂技术的主要工艺流程如下:

①在深 200 ~ 300 m 的页岩层中钻井,下管套并进行水泥固井;

②在所选处置深度的套管处开孔;

③用高压新鲜水冲击开孔处周围的页岩,使其产生水平裂缝;

④高压注入拌好的废液水泥浆(包括水泥、黏土和中放废液);

⑤注射完成后,打开井口阀门,使井下残存水回流,以释放页岩层中因注射产生的余压;

⑥用 γ 探测仪进行地下裂隙方位和大小的探测。

⑦每个开孔注射 4 ~ 9 次,注射完成后对孔进行封堵,在其上方约 3 m 处新开孔进行新一轮的注射[54]。

1985 年,美国能源部决定不再建立新的水力压裂装置,之后,美国不再采用该技术处置放射性废液。其主要原因如下:

①注射井钻井不合格,直接影响到注射井的使用性能和安全性;

②每次注射量过大,且每次注射时间间隔太短,导致页岩层不能充分自行恢复;

③注射场的地质特性调查不充分;

④水力压裂被视为放射性废液的深井排放,没有充分的法规依据[45,55]。

我国将该方法用于处理、处置中核四川环保工程有限责任公司核设施运行和退役过程中产生的中放废液,用该方法处置的中放废液放射性浓度不得超过 3.7×10^9 Bq/L。1980 年启动水力压裂技术处置中放废液的可行性研究,1981—1985 年开展了废液水泥浆配方研究和性能试验。

图 3 - 26 所示为水力压裂处置放射性废液的工艺流程[56]。该技术的工艺流程是:首先在不渗透的页岩层中建成深为 450 m 的注射井,在井底将围岩切开一条宽约 30 ~ 40 mm,深约 120 mm 的水平切缝;然后将掺和有水泥、飞灰、活性白土和沸石的中放废液水泥浆,在大于岩石覆盖层重力的压力下注入裂缝,水泥浆沿水平方向向四周扩散(延伸直径大于 200 m),水泥浆凝固后,形成 1 ~ 3 cm 厚的片层同页岩层固结为一个整体。注射井的每个切缝可压裂 4 次,每次压裂注射废液约 360 m^3,为保证每次压裂后岩层有充足的时间自行恢复,每次注射时间间隔为 3 个月,一年注射 4 次,每季度 1 次,每年约处理 1 200 m^3中放废液。待第 4 次注射完成,水泥浆完全凝结后,对原注射孔进行封堵[57]。

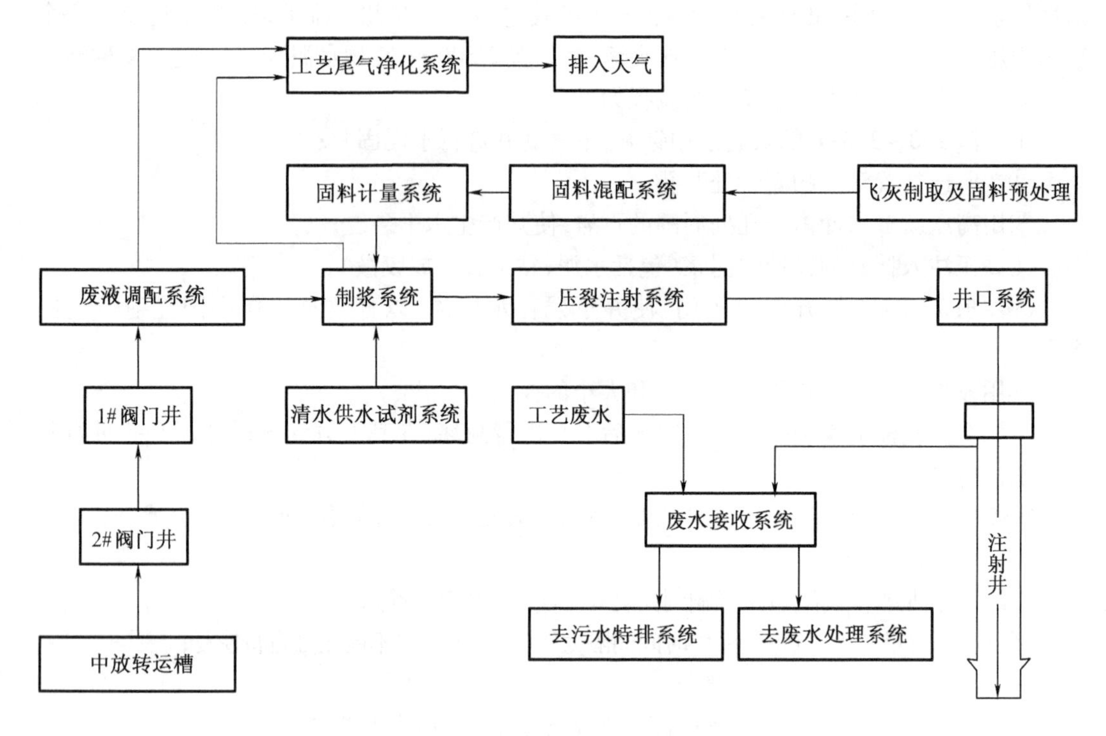

图3-26 水力压裂处置放射性废液工艺流程

参考文献

[1] 沈威. 水泥工艺学[M]. 武汉:武汉理工大学出版社,2012.

[2] 魏保范,李润珊. 反应堆放射性含硼废液固化的研究[J]. 南开大学学报(自然科学),1995,28(3):71-75.

[3] 王刚. 水泥标准手册[K]. 北京:中国标准出版社, 2006.

[4] 黄庆村. 低放含硼废液高效率固化技术的开发与应用[J]. 放射性废物管理及核设施退役. 1998,6:9-16.

[5] 龚立,程理,郑军华,等. 压水堆核电站产生的硼酸废液和浓缩液的水泥固化研究[J]. 辐射防护,1995,15(1):33-41.

[6] 郑军华,龚立,程理. 硼酸废液水泥固化配方与高减容技术初探[J]. 上海环境科学,1998,17(2):35-39.

[7] 魏保范,李润珊. 反应堆放射性废树脂固化的研究[J]. 天津师范大学学报,1995,15

(3):71-75.

[8] 刘崇熙,汪在芹,李珍,等.硬化水泥浆化学物理性质[M].广州:华南理工大学出版社,2003.

[9] 杨卫兵,郭喜良,郭霄斌,等.三门核电水泥固化预试验结果报告[R].太原:中国辐射防护研究院,2014.

[10] 郭喜良,杨卫兵,贾梅兰,等.失效干燥剂水泥固化配方研究最终报告[R].太原:中国辐射防护研究院,2014.

[11] 李俊峰,王建龙.放射性废离子交换树脂的特种水泥固化技术进展[J].辐射防护,2006,26(2):102-112.

[12] 李俊峰,赵刚,王建龙.放射性废树脂水泥固化中水化热的降低[J].清华大学学报,2004,44(12):1600-1602.

[13] 王锡林(译).放射性废物的水泥固化[M].北京:原子能出版社,1982.

[14] 王志明,杨月娥.固化体大小对核素浸出的影响[J].辐射防护,1995,15(6):25-30.

[15] 杜大海.关于中低放废物固化体浸出试验中几个问题的讨论[J].辐射防护,1987,5:45-47.

[16] 姚来根,王志明,李书绅.含水量对水泥固化体中核素浸出影响的实验研究[J].辐射防护,2003,23(4):237-241.

[17] 王志明,姚来根,李书绅.水泥固化体的非饱和浸出实验[J].辐射防护,2003,23(5):156-162.

[18] SPENCE D R, SHI Caijun. Stabilization and Solidification of Hazardous, Radioactive, and Mixed Wastes[M]. Washington:D. C.: CRC, 2005.

[19] 郭喜良,杨卫兵,冯文东,等.新减容技术对核电放射性废物安全监管的影响[R].中国辐射防护研究院,2014.

[20] 冯声涛.放射性废物水泥固化技术[R].中国辐射防护研究院,2004.

[21] 北京万之悦科技发展有限公司.新型多功能无机胶结材料系列产品简介[Z],2009.

[22] 黄来喜,何文新,陈德淦.大亚湾核电站放射性固体废物管理[J].辐射防护,2004,24(3/4):211-225.

[23] 周顺科.田湾核电站水泥固化系统的改进探讨[J].核电期刊,2004,5.

[24] 赵滢,何小平.核电厂放射性含硼废树脂水泥固化工艺的改进研究[J].辐射防护,2014,34(3):138-146.

[25] 周瑞东,陈春龙.核电秦山联营有限公司放射性废树脂水泥固化配方改进申请报告[R],2012.

[26] 谭其明.600 MW 核电机组放射性废物水泥固化培训教材[M].600MW 核电机组放射性废物水泥固化培训教材.中国核电运行管理有限公司:2014.

[27] 林美琼,甘学英,陈慧,等.放射性废树脂水泥固化工艺研究[C]//NCES'04.中国原子能科学研究院,2014.

[28] 郭喜良.岭澳二期固化体性能检测现场样品采集工作报告[R].太原:中国辐射防护研究院,2010.

[29] CHING - TSVEN HUANG W Y. Preparation of Inorganic Hardenable Slurry and Methods for Solidifying Wastes with the Same: United States, 5457262[P]. 1993 - 09 - 17.

[30] 黄庆村.核电放射性废弃物最小化策略与实务[C]//第三届两岸放射性废物管理研讨会.成都,2013:2 - 8.

[31] 安鸿翔.模拟含硼废液喷雾干燥台架试验装置建立和初步试验[D].太原:中国辐射防护研究院,2006.

[32] KIKUCHI M, HIRAYAMA S, YATOU K. An Advanced Liquid Waste Treatment System Using a High Efficiency Solidification Technique[C]//WM'03 Conference. Tucson, 2003.

[33] KANEKO M, TOYOHARA M, SATOH T. Development of High Volume Reduction and Cement Solidification Technique for PWR Concentrated Waste [C]//WM' 01 Conference, 2001.

[34] 林小龙.模拟含硼废液喷雾干燥后盐粉的造粒技术研究[D].太原:中国辐射防护研究院,2007.

[35] 孙琦.模拟含硼废液喷雾干燥后盐粉的水泥水玻璃固化技术研究[D].太原:中国辐射防护研究院,2007.

[36] WAGH. Methods for Stabilizing Low - level Mixed Wastes at Room Temperature: United States, 5645518[P]. 1995 - 01 - 31.

[37] LIN Kou - ming, CHING - TU C, MING - SHIN W. Treatment of Spent Acidic Decontaminants with a High - efficiency Cementation Method [C]//Proceedings of the ASME 2011 14th International Conference on Environmental Remediation and Radioactive Waste Management. France, 2011.

[38] 郭喜良,冯文东,高超.废树脂湿法氧化技术路线及问题探讨[C].第三届两岸放射性废物管理研讨会.成都,2013:46 - 52.

[39] CHING - TSUEN H, TAOYUAN H, TZENG - MING L. Methods for Processing Spent Ion - exchange Resins: United States, 7482387[P]. 2004 - 02 - 17.

[40] 陈义平,田景光,罗仕瀚.湿式氧化暨高效率固化系统之建置[C].第三届两岸放射性废物管理研讨会.成都,2013:25 - 30.

[41] 王显德.十年来低中水平放射性废液处理技术的研究和发展[J].核化学与放射化学,1990,12(2):65 - 71.

[42] 陈竹英,陈百松,曾继述.中放废液水泥固化大体积浇注工艺可行性探讨[J].原子能

科学技术,1988,22(6):664-668.

[43] 李利宇,鲍卫民,宋崇立. 模拟非α中低放废液大体积浇注水泥固化的可行性研究[J]. 辐射防护,1999,12(2):214-220.

[44] 陈百松,陈竹英,曾继述,等. 中放废液大体积浇注水泥固化配方研究[J]. 辐射防护,1989,9(2),110-115.

[45] 王邵. 放射性废物处理与处置标准在中放废液大体积浇注水泥固化工程中的应用探讨[J]. 标准化工作,2008,3,21-26.

[46] 李全伟. 低中放废物的固定化[C]. 绵阳:西南科技大学,2014.

[47] 杜大海,龚立,程理. 大体积浇注水泥固化工有机废液的配方研究[J]. 辐射防护,1992,12(5),364-372

[48] 陈竹英,黄卫岚,张国清,等. 30% TBP-煤油有机废液水泥固化配方研究[J]. 原子能科学技术,1991,25(4),74-78.

[49] 武世斌. 美国处置放射性废物的水力压裂技术[J]. 国外核新闻,1983(2):22-24.

[50] 王路章. 放射性废液页岩水力压裂处置法[J]. 辐射防护通讯,1987(6):7-12.

[51] American Department of Energy. A Technical Review on the Management of Radioactive Waste at the Oak Ridge National Laboratory, DOE/DP/48010-T[R/OL], 1985.

[52] 刘宗莲,王孝强,林良元. 中放废液深地层处置的热试验[J]. 原子能科学技术,2001(35):56-61.

[53] 核工业第二研究设计院. 某厂水力压裂法处置中放废液安全分析报告(调试运行阶段)[R]. 核工业第二研究设计院,1996.

第4章　固化/固定产物性能要求及表征

4.1　废物体性能安全概述

4.1.1　处置安全管理的重要性

我国低中水平放射性废物实施近地表处置的方式,放射性废物的长期处置安全依赖于废物体、废物包装容器和处置设施等多重屏障的安全性能。其中,废物体作为放射性释放源项,是保证废物最终处置安全的源头保证。在废物整备、废物储存以及废物处置、接收等多个环节应按照相关法规要求,严格控制废物体质量,开展废物体性能安全表征。正在编制的《放射性废物安全监督管理办法》(报批稿)规定:采取固化/固定处理的,放射性废物产生单位负责对其废物固化/固定体性能进行检测。

早期人们对放射性危害认识不足,对放射性废物的处置安全管理较为简单、粗放。如20世纪40年代的美国,将低水平放射性废物采用纸箱或木箱简单包装,甚至不包装,以简单陆地浅埋的方式进行处置,结果导致放射性物质的大量泄漏。美国放射性废物的处置工作曾因此一度处于停滞状态。

4.1.2　国外在废物体安全控制方面的良好实践

在吸取以往经验的基础上,各有核国家开始重视对放射性废物处置的安全管理,包括废物处置方式的选择,处置安全目标的设计,处置概念设计及处置安全各相关组成的质量控制。随着"多重屏障"处置的逐步推广应用,美国、法国、德国等国家对处置安全子系统(废物、处置库和地质条件)的质量控制给予了很大关注,开展了多方面研究,并取得了好的成果。其中废物体安全质量控制方面的主要成果具体如下:

1. 注重废物体检测法规标准建立

在总结早期经验教训的基础上,充分认识到完善的废物检测法规标准体系是确保废物安全的关键因素之一。在美国,与废物体检测相关的规定和要求涉及不同的层面,包括联邦法规、检查手册、技术观点报告、技术标准等。

2. 构建完善的废物体检测质量控制体系

各核技术发达国家的成功经验表明,强化废物体检测管理机构的职能,加大安全检测监管力度,是确保废物体安全的有效管理方式。在德国,与废物体检测相关的机构有国家环境部(主管部门)、废物产生单位、处置库运行公司、德国气候和能源研究院及下属的核研究中心废物质量控制办公室(PKS)。

3. 鼓励开展废物体检测新技术研究

西方国家在大力发展核电建设技术的同时,也注重对后端废物管理技术能力的建设,各国成立了专门的研究机构,用于研究和开发实用、快捷的废物体检测技术。美国针对其初期放射性废物检测标准要求偏低和标准执行性较差的特点,组织建立了多个废物特性检测技术研究中心,包括美国材料表征中心、美国材料和试验协会、美国核学会以及美国环保局下属的研究机构等。

4.1.3　国内在废物体安全控制方面的良好实践

我国低中水平放射性废物处置技术研究工作始于 20 世纪 80 年代。随着“多重屏障”处置概念设计研究的深入,对待处置废物的性能要求和相应的检测工作逐渐开展,并获得初步成效。具体体现在如下三个方面:

1. 法规标准体系的逐步完善

《放射性废物安全监督管理办法》(报批稿)明确提出“应对固化/固定体性能进行检测”的要求,废物处置安全及废物体性能检测相关标准的颁布实施。

2. 采用先进的处理工艺

国内新建核电厂采用了先进的废物处理工艺,对水泥固化生产工艺均已或计划开展废物产品性能检测。

3. 建立处置运营管理体系

西北和北龙两座处置场试运行期间,处置接收了部分废物,并建立了废物处置运行管理体系。

4.2　国外低中放废物体监测实践

4.2.1　历史发展

放射性废物的处置,早期采用的是填埋方式,活动开始于 20 世纪初。世界上最早的浅埋处置场是美国联邦政府建造的军用放射性废物处置场,由于早期对放射性核素向环境释放问题不够重视,处置废物无包装,处置场选址要求不严格,填埋场无回填和覆盖等,从而导致了放射性废物的大量泄漏。

随着人们对放射性危害认识的不断提高,美国对处置库的选址和处置后的回填及覆盖进行了初步控制,20 世纪六七十年代先后有 6 个商用放射性废物处置场投入运行。但随后出现的新问题迫使 6 个处置场中有 3 个处置场由于运行和安全原因被迫提前关闭。分析问题的原因是,一些废物处理技术简单,废物采用木箱、硬纸板箱进行简单包装;有的废物未压实;废物填埋有时采用倾倒式;废物处置无回填;顶部覆盖土未夯实。由于上述原因的存在,曾一度造成处置设施顶盖塌陷,放射性核素很容易被渗水浸出。这种主要由处置场址本身的自然条件来决定的处置方式被称为“场址决定型处置”[1]。

在吸收早期经验的基础上,美国核管会于1982年颁布了《放射性废物陆地处置的审批要求》(10CFR61),该法规明确了低放废物处置设施的运行准则、处置安全目标、处置废物的性能要求等。10CFR61的颁布是美国规范低放废物处置的一个里程碑。

法国芒什处置场采用了“多重屏障”的处置方式,标志着低中水平放射性废物处置进入了一个新的发展时期。“多重屏障”的处置方式明确了整个低中水平放射性废物处置系统,是由废物体、废物包装容器、处置单位构筑物、覆盖层和处置天然屏障几个相对独立的部分组合而成。其中,废物体和废物包装容器的性能是废物安全质量控制的源头,废物体和包装容器的性能是否满足标准要求由废物产生单位提供保证。

4.2.2 法国[2]

法国在放射性废物管理方面积累了丰富的经验,低中水平放射性废物的处置管理也走在世界的前列。早在1969年,法国就建成第一个“多重屏障”处置方式的废物处置场,用于接收短寿命、低中水平放射性废物,该处置场已装满废物并处于安全监护期。目前正在运行的第二个处置场——Aube处置中心,于1992年起开始正式运营。

法国核安全局(ASN)负责制定放射性废物管理规定,负责废物管理政策和所有核活动实践的评价工作,以及国家放射性废物管理局(ANDRA)废物处置中心的设计、运行和废物接收全过程控制管理。ASN主要关注三个方面的内容:放射性废物管理每一步骤(产生、处理、包装、中间储存、运输和废物处置)的安全;废物管理的战略决策和工作总体协调;废物的管理路线的研发。在法国,作为ANDRA处置设施的设计者和运营者,ASN负责检测处置接收的废物是否满足相应的废物规范要求。

1. 性能要求

1984年6月,法国颁布了一项关于短半衰期或中等半衰期、低活度浓度或中等活度浓度的放射性固体废物长期处置设施的安全事项和设计基准的基本安全规章(RFS-I.2.)。该安全规章明确了废物处理和整备设施的管理要求。规章规定,ANDRA负责上述设施的安全监测,包括废物体/废物包的检测。1986年发布的RFS III.2.e(1995年5月修订)规定了近地表处置废物的接收准则,并指出由ANDRA制定废物产生单位的废物包(包含废物体)技术规范。为实现对废物性能的全过程控制,颁布了系列基本规定,对废物的产生、监测、处理、包装和暂存作出要求。系列基本规定包括以下方面:

· RFS-Ⅲ.2.a——压水堆乏燃料后处理过程中产生的各种废物的产生、监测、处理、包装和暂存的基本规定(1982年9月24日实施)。

·RFS－Ⅲ.2.b——压水堆乏燃料后处理过程中产生的废物及高放废物包的产生、监测、处理、包装和暂存的特殊规定(1982年12月12日实施)。

·RFS－Ⅲ.2.c——压水堆乏燃料后处理过程中产生的废物和低中放废物沥青固化体产生、监测、处理、包装和中间储存的特殊规定(1984年4月5日实施)。

·RFS－Ⅲ.2.d——压水堆乏燃料后处理过程中产生的废物以及废物水泥体的产生、监测、处理、包装和中间储存的特殊规定(1985年2月1日实施)。

2. 性能检测实践

为了确保废物特性和废物质量满足处置接收准则,ANDRA要求所有废物产生单位提供一份证明文件,文件内容包括如下方面:

①废物的加工工艺;

②废物产生单位的生产规范;

③放射性评估报告,其中应说明放射性废物检测方法;

④废物特性检测报告;

⑤质量保证计划,其中包括废物生产过程的检测计划。

废物整备设施的建造需经申请许可,设施开始运行时,ANDRA启动现场检查,包括废物产生单位的废物质量保证计划。至2003年,ANDRA已完成约100批废物的质量控制检测,其中约70批废物被运往Aube处置中心,废物年产生量约25 000～30 000个废物包。

3. 废物产生单位

对Aube处置中心接收的废物,每年进行检查,检查次数近60次。这些检查在分布于42个场址的300个废物产生单位进行。ANDRA对废物的质量鉴定分为三个阶段:一是对废物产生单位提供的废物数据进行计算机管理;二是采用跟踪系统来确保所有的废物满足处置要求;三是对采用非破坏性和破坏性方法对废物体/废物包的质量进行检测。

同类型废物质量鉴定的内容相同。短寿命、低中水平放射性废物的质量鉴定包括以下方面:

①一级鉴定。废物产生单位提供每个废物包的质量信息,包括废物质量、尺寸、性质和主要放射性核素的组成及活度水平。ANDRA根据提供的资料,确保所有废物满足处置要求。

②二级鉴定。二级鉴定是对送往处置中心的废物实施非破坏和破坏性检测。

4. ANDRA的检测

非破坏性和破坏性检测采用随机抽样的方式进行。图4－1给出了1984—2002年间,对送往Aube处置中心的低中水平放射性废物,进行破坏性检测和非破坏性检测的废物量示意图。由图4－1可以看出,早期实施的破坏性检测和非破坏性检测的量很小,1989年以后每年的检测废物量基本呈逐年增长趋势,其中以非破坏性检测为主,2000年达到高峰,之后趋于稳定。其中,破坏性检测的废物数量基本保持在相对稳定的水平,平均每年对约10个废物包实施破坏性检测。

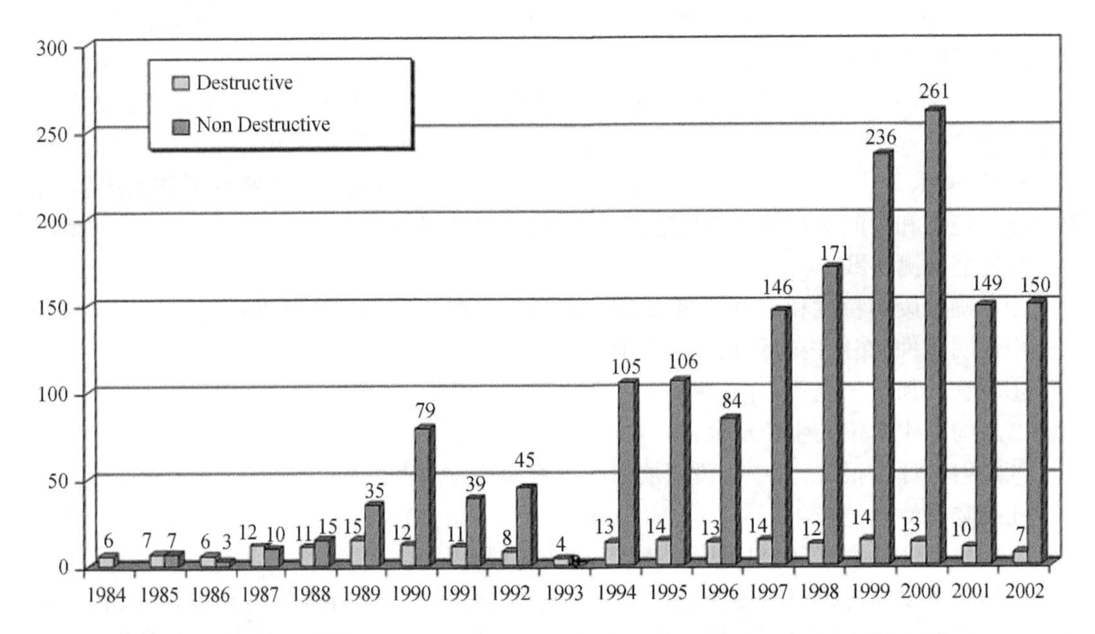

图 4－1　1984—2002 年，Aube 处置中心低中水平放射性废物破坏性和非破坏性检测

非破坏性检测方法包括剂量率检测、废物表观质量缺陷的目测检查、尺寸和质量测量、表面污染测量和 γ 测量。在需要的情况下，也可以开展中子测量、X 射线照相术或 γ 成像检测。

破坏性检测是将待处置的废物体实施切割或钻孔取样，或将废物桶直接打开，开展废物体性能测试，测量内容包括空隙度、渗透性、扩散系数、抗浸出性、抗张强度和抗压强度等。

5. 废物特性检测技术研究

法国原子能委员会（CEA）在卡达哈希核研究中心设立了一个固化废物特性专家鉴定实验室（LECC），开展放射性废物体特性检测方法和技术的研究。其开发了多种非破坏性检测方法和破坏性检测技术。破坏性检测包括 1∶1 规模的浸出检测技术及钻孔芯样的抗压强度和静态浸出测试。

4.2.3　美国

1. 法规标准体系

美国非常重视放射性管理法规标准体系建设，美国联邦法规《放射性废物陆地处置的许可要求》（10CFR61 号）规定了低水平放射性废物处置应满足的处置性能要求和近地表处置的低水平放射性废物的最终废物形态的稳定性要求，内容涉及废物的接收、搬运和放置等。美国核管会（NRC）1991 年发表的“废物体的技术观点”[4]，对固化体和固化体长期稳定性检验作出了具体说明。NRC 出版了第 2401 号 NRC 检查手册《低水平放射性废物近地表处置设施检查大纲》,大纲中包括了对处置设施运行的检查程序,包括对废物产生单位的检查,处置运行的检查和开展的监督性试验[5]。与法规和要求(检查手册)配套使用的有各项导则和技术标准,如 MCC 系列(MCC－1,MCC－2,MCC－4,MCC－5)、ASTM 系列和 ANSI、ANS 系列等。其中与废物体安全相关的主要标准列举如下:

①《低放废物固化体的快速浸出检测程序》(ANSI ANS 16.1—2003);

②《圆柱体水泥试样抗压强度标准试验方法》(ASTM－c39C 39M—2005);

③《固体废物浸湿和干燥标准试验方法》(ASTM D 4843—2004);

④《放射性废物处置用整体废物体静态浸出试验方法》(ASTM C 1220—1998);

⑤《固化废料中扩散释放物加速浸出试验,模型扩散的计算机程序和从圆柱形废料状态中分离淋滤的标准试验方法》(ASTM C 1308—1995)。

2. DQO 在废物质量检测中的应用

数据质量目标(DQO)过程是借助统计学方法,对数据收集活动的一个策划程序。数据质量目标过程就是确定所要研究的问题,对问题作出决策,确定数据要达到的目标和针对目标需要采集的样品数。研究分析数据质量目标过程在美国废物管理中的应用,并将其引入废物体检测质量保证体系。实现废物体检查和验证数据的有效收集,达到节约数据收集时间和降低收集成本的目的。

4.2.4　德国

待处置的放射性废物应符合废物处置接收要求。废物是否符合标准要求,在德国须通过废物检测进行验证。德国的第一个处置库位于 Salzgitter 的 Konrad 铁矿井,该处置库于 1991 年开始运行。

1. 与处置相关的废物质量要求

根据处置库的正常运行与事故工况下的安全分析,由放射性核素从处置库向外释放的长期影响,导出 Konrad 处置库的废物接收要求。拟处置废物的性能检测项目内容包括:废物总活度,单个核素活度,废物包表面剂量率,表面污染水平,原始废物的化学特性,废物固化工艺相关参数,废物包质量、热性质和可堆放性等。处置库对废物的检测内容包括:废物包的表观缺陷、质量、表面污染和表面剂量率。

2. 机构和职责

在德国,与废物体检测相关的机构有国家环境部、废物产生单位、处置库运行公司、德国物理技术研究院(PTB)和 PTB 下属的于利希核研究中心(KFA),以及德国气候和能源研究院废物产品质量控制办公室(PKS)。

废物产生单位对废物产品的质量负主要责任,应使用经许可的废物整备工艺和技术,采取有效的管理措施确保废物产品质量满足处置接收要求。处置库运行公司代表 PTB 对废物产生单位提供的废物质量鉴定书进行核查,并根据需要实施检测。

根据法律授权,PTB 代表政府负责放射性长期储存和处置设施的建造和运行。其职责是对处置库运行公司和其下属的研究中心的工作进行监督,在发生事故或出现废物不符合项时作出决策。PTB 授权由其下属的 KFA 具体执行废物产品质量的检测和检查工作。KFA 成立了一个检测工作组,负责对废物体或废物包的性能检测。

3. 性能检测

放射性废物产品质量检测采用两种形式检查,一是废物处理过程的鉴定和检查,二是废物包的非破坏性和破坏性检测。

(1)废物处理过程的鉴定和检查

废物产生单位应编制和提供废物处理过程手册,说明废物处理工艺的基本资料,包括废物原始特性、废物处理工艺、工艺设备和仪表、工艺参数文件、产品参数和废物包的特性数据。检测工作组根据提供的废物处理过程手册,每年对废物的处理过程进行 1 ~ 2 次的鉴定,以确保废物处理按照规定进行。根据需要,对处理产生的废物体取样进行性能检测。

(2)废物包性能检测

根据规定,应对三种废物包开展性能检测:一是 200 L 或 400 L 的金属包装桶;二是混凝土屏蔽的废物包;三是铸铁包装容器。

通过随机抽样对废物包进行检测,包括非破坏性检测和破坏性检测。抽样依据统计学原理进行,也可根据目测结果来取样。非破坏性检测包括废物包表观质量的目测,表面剂量率测量,表面污染的擦拭测量,γ 扫描等。破坏性检测通过钻孔取样进行,对获得的废物体样品开展抗压强度和抗浸出性测量。

4.2.5 瑞士[6]

在瑞士,放射性废物处置安全采用了试验控制的概念。待处置废物必须满足处置库的废物接收要求,是否满足接收要求必须通过对废物产品质量的监测来实现。

1. 组织和责任

废物产品质量检测的相关机构有主管部门(负责放射性废物的处置)、废物产生单位、处置库运营单位和废物检测工作组。为确保处置废物满足废物接收要求,必须制定各单位和部门之间的组织和管理规章。

废物产生单位对废物质量负主要责任,必须采取适当的技术、组织和管理措施,并保证工作人员满足资质要求。废物产生单位必须提交说明废物满足接收要求的文件,对发现存在问题的废物负责废物的二次整备。

废物监测工作组采取的监测措施包括以下方面:

①整备过程的鉴定;

②整备过程的控制和检查;

③随机性抽样试验;

④文件检查。

废物监测工作组应提供必需的试验设备,并确定抽样检查的样品类型、样品数量和抽样频率,相关内容的确定需要考虑废物产生单位提供的文件。监测结果必须加以记录,对有问题的废物作出标注。

主管部门负责放射性废物的处置,对处置库的运营和废物监测工作组的活动进行监督。

2. 废物监测

原则上,放射性废物监测可以通过废物整备过程的检查鉴定和对废物产品的非破坏性或破坏性试验来实现。废物产品质量的检查可以在处置库、在独立的废物监测部门或在废物储存设施中进行。目前采用三种方法同时使用的方式。

(1)未进行过程鉴定的废物

对未实施过程鉴定的现有废物或以后会产生的废物,需要通过抽样检查来鉴定废物质量。监测的方式和程度依据废物产生单位提供的资料来设计。

抽取的样品质量取决于废物的均一性和放射性核素的比活度。废物抽样检查的内容需要根据统计方法或目测检查的结果来确定。

经检查后,如果抽取的样品没有发现问题或存在问题的废物产品比例很小,则可以减少检查的次数。在抽样检查中可以使用非破坏性检查方法,包括目测或废物包腐蚀性物理试验,表面剂量率测量,铀和超铀元素的中子测量,表面污染测量,称量,放射性核素的 γ 扫描和抗压试验等。

对无法通过非破坏性检查来实现的废物,如铁罐或水泥罐废物,则需要通过破坏性钻孔取样的方法来检查。抽取的样品进行 α,β 和 γ 谱分析,来获得相关放射性核素的总活度。另外,还要对样品进行抗压强度测量。

(2)整备过程

为了减少废物产品质量检测的废物量,应对整备过程进行鉴定。应通过主动或被动检验来鉴定整备过程。废物检测工作组将对整备过程进行检查,来验证其生产的废物产品是否满足废物接收要求。废物监测工作组每年一次或每年两次对已鉴定的整备过程进行检查,以确定设施的运行在规定的限值范围内。同时,在整备过程中,可通过抽取样品开展废物体性能检测。

4.2.6　IAEA

2000 年,IAEA 出版了第 1129 号技术报告《近地表处置废物包的检查和验证》(IAEA - TECDOC - 1129)[7]。该报告叙述了与废物检测相关的内容,包括废物近地表安全处置各相关责任方的职责,废物检查内容、检查方法和质量保证。

1. 各相关责任方职责划分

IAEA - TECDOC - 1129 说明与废物产品质量密切相关的三方的责任,包括主管部门、处置运营单位和废物产生单位,图 4 - 2 所示为废物处置各相关方的责任示意图。

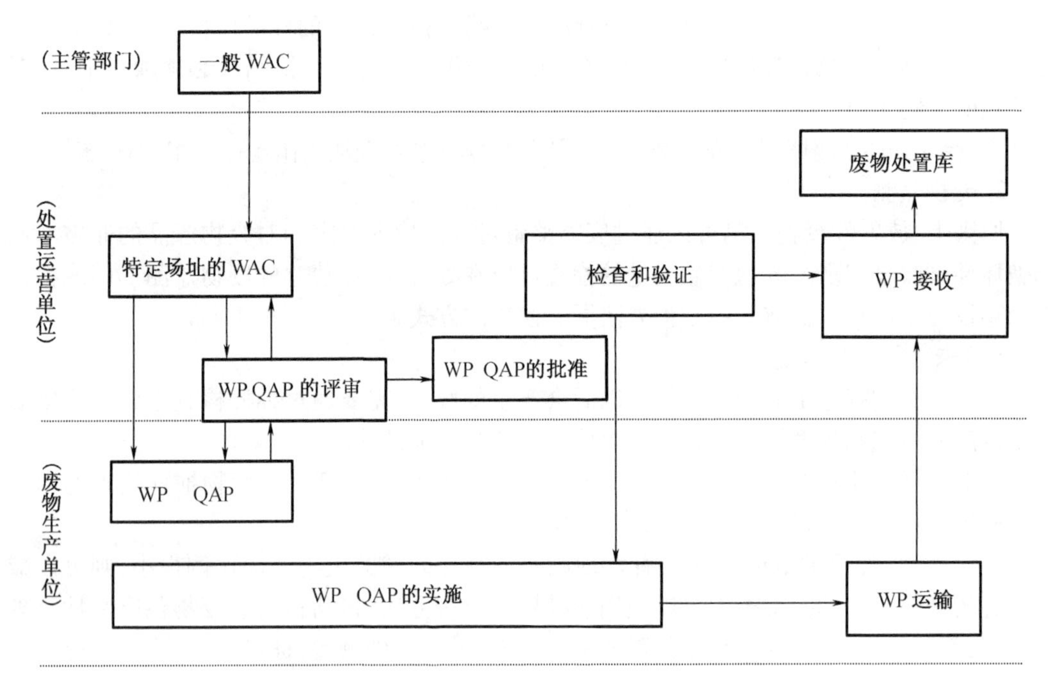

图 4 - 2 废物产品质量控制各相关方的责任示意图

WP—废物包;QAP—质量保证大纲;WAC—废物接收准则

(1)主管部门

主管部门负责制定废物安全规章和一般废物接收准则。提供有关废物产品质量安全的依据和指南:

①在国家废物管理政策之下的一般废物接收准则;

②具体场址的废物接收准则;

③处置库各阶段不同活动的许可条件,包括处置库的设计、建造、运营和关闭;

④符合性验证,包括定期报告、参观、访问和审核;

⑤不符合项、纠正和非正常事件的评审及证实批准。

(2)处置运营单位

处置运营单位应负责制定确定具体场址的废物接收准则,参与对废物产生单位的废物产品质量保证大纲的评审和批准,负责接收废物的检查和验证。

(3)废物产生单位

废物产生单位负责确保废物的生产过程依据并满足废物产品质量保证大纲和废物接

收准则,对满足处置运营单位制定的废物接收准则和运输要求负主要责任。负责接受处置运营单位对废物的检查和验证。

2. 检查内容

为了确保处置库的安全满足要求,与废物产品检测相关的检查内容包括四个方面,即原始废物、废物包装容器、整备过程和废物产品。主要检测内容如表4-1所示。

表4-1 废物包检测中的主要检查内容

原始废物	废物包装容器	整备过程	废物产品
—一般特征 —废物中的违禁物质,如液体、毒性化学物质、爆炸性物质、起电火花物质 —放射性水平 —废物收集和预处理信息	—尺寸 —建造材料 —加工工艺 —密封性试验结果	—时间、地点和设备等相关信息和文件 —固化基料和覆盖层材料 —配方的控制清单 —整备过程参数 —整备后废物体性能检测	—质量 —主要放射性核素的活度 —剂量率 —表面污染 —表观质量检查报告 —不符合项记录清单 —破坏性取样分析结果

3. 检查方法

根据各成员国对低中水平放射性废物包检测的检查和验证实践,IAEA-TECDOC-1129给出了已被广泛采用的废物产品质量的检查和验证方法,包括管理性检查、目测检查和直接测量。表4-2列举了在废物处置单位实施的检查和验证内容。

表4-2 废物处置单位实施的检查和验证活动

管理性检查	目测检查	直接测量
—托运记录的完整性 —货包标志:编码,标签 —质量 —活度 —剂量率 —表面污染 —装运的货包数目 —特殊条件 —容器类型 —易裂变物料	—废物包表观质量 —封条 —废物包的密封性 —废物包标志	—称重 —表面剂量测量 —表面污染测量 —密封性试验 —X射线照相术/X线断层摄影术 —活度测量 —废物产品完整性测量 —破坏性试验

(1)管理性检查

在废物接收时或接收前,废物产生单位应向处置运营单位提供一份包括每个废物产品详细情况的管理性文件。处置运营单位负责按照提供的管理性文件对待处置废物实施详细的检查,以确保废物满足处置要求。管理性检查可涉及如下内容:

①废物包标志

废物产生单位应确保每个废物包都采用唯一的标志符。处置运营单位应按照提供的货包文件,验证所接收废物包的标志是否符合规定。

②废物包质量

对记录的废物包的质量进行检查,以确定其满足该类型废物包装容器规定的质量限制。

③活度

检查记录废物包的活度水平,确保其满足废物产品的活度限值和处置库的活度限值。

④剂量率

必须对记录的废物包剂量率信息进行检查,以确保废物包在安全搬运和安全处置的可接收范围内。

⑤表面污染

检查文件记录的表面污染水平是否符合规定。

⑥容器类型

必须对废物包装容器的类型进行检查,以确保其符合可接收的包装容器标准。

⑦易裂变物质

必须对废物产品中易裂变物质的含量进行检查,以确保其满足单个废物包的放射性水平要求和处置接收要求。对易裂变物质也可能实施二次检查,以确保其符合表格中记录的活度水平。

已完成的检查必须进行归档,以便于随后主管部门的检查。为了确保检查和数据记录的一致性,许多检查可能需要在计算机辅助下进行。

(2)目测检查

目测检查是一个相对简单和低成本的检查方式,可提高废物产品质量安全的置信度和提高操作安全。目测检查可包括如下内容:

①废物产品表观质量检查

通过表观检查可以提前发现问题,并采取适当的补救措施,预防污染的扩散。检查内容包括表面破损(凹陷、小孔、裂缝、膨胀变形等)、表面腐蚀、明显泄漏(污点和条纹)和密封系统(阀门、螺丝、焊接口等)的破损或失效。

②标志

所有要求的标签和标志符必须粘贴在废物包装容器上,并保存完好(清晰易读、无损坏)。废物包装容器外部的条形码应包含要求的信息。标志上的信息可以由主管部门确定,如质量、剂量率、包装容器的加工商、证书标记和废物产品生产设备或公司。

(3)直接测量

为满足废物接收准则而实施的直接测量和验证,可以提高由废物产生单位提供的废物产品质量文件的置信度。直接测量技术可以是一些相对简单和低成本的方法(如污染测量),或是相对较复杂的方法(如破坏性取样分析)。检查可以针对所有的废物,也可以是抽取一定比例的废物。

4. 各责任方实施的检查

(1)废物产生单位

每个废物产生单位必须建立废物产品内部检查程序制度,检查内容包括原始废物的性质,废物整备程序,整备过程中使用的物料的质量管理和控制情况,整备产生废物体的性能检测,废物包装容器的质量,废物产品身份单的验证,以及不符合项的控制和纠正情况。

检查应由有相关资质的人员来实施。必须妥善保管相关的检查文件(包括程序文件、检查清单、检查记录、审核和单独取样的测试结果),以用于处置运营单位接收废物时对废物的检查。

(2)处置运营单位实施的检查

对废物产生单位提供的处置废物资料和待处置废物的检查及验证是处置运营单位的责任。报告中提到处置运营单位对废物产品质量的检查分为两方面,一是在废物产生单位实施的检查,二是在废物被最后接收前,处置运营单位在处置现场实施的检查。具体检查内容如表4-3所示。

表4-3 处置运营单位实施的废物检查内容

在废物产生单位	在处置现场
整备活动的试验结果,包括整备产生废物体的特性检测结果	废物包管理文件 质量、尺寸、表面污染、剂量率
废物包装容器加工证书 容器性能试验结果	废物包非破坏性检测 质量、表面污染、剂量率
质量保证大纲监管活动评估结果	废物包破坏性检测和取样分析

5. 质量保证

IAEA已经出版了废物性能检测质量保证大纲相关的技术标准和报告[8-10]。所有废物产生单位必须贯彻执行质量保证大纲,其目的在于能够使废物产生单位通过对废物产品的质量检查来确保其满足废物接收准则。同时,可为处置运营单位提供废物的检查方式、检查方法和为保证废物满足废物接收准则的相关质量保证措施。处置运营单位可依据质量保证大纲对废物是否符合废物接收准则进行评价。

质量保证大纲中需要考虑的主要因素如下：

①废物的整备过程；

②组织和管理机构，包括废物生产、包装和质量检查活动中相关人员的角色和责任；

③废物产品质量表征方法；

④废物活度的估算方法。

4.2.7 国外经验启示

1. 注重废物检测法规标准建设

从20世纪70年代开始，西方一些先进国家在放射性废物管理立法和监管制度建设中，取得了很大进步，特别是美国。同一时期，法国使低中放废物整备和处置技术在世界范围内逐步完善。20世纪80年代以来，IAEA等国际组织从低中放废物处置安全及其评价开始，就共同关心的放射性废物管理问题做出了巨大努力，出版发布了一系列的废物管理原则、国际公约和安全标准。IAEA出版了一系列有关废物体/废物包的安全和管理文件。1985年出版了安全丛书第71号文件《浅地层和岩洞处置放射性废物的接收准则》。1996年和2000年分别出版了两份技术文件:《中低放废物包接收要求和检测方法》(IAEA TECDOC-864)和《近地表处置废物包的检查和验证》(IAEA TECDOC-1129)。

法国在放射性废物管理方面积累了丰富的经验，低中水平放射性废物的处置管理也走在世界的前列。1984年6月，法国颁布了一项关于短半衰期或中等半衰期、小比活度或中等比活度的固体放射性废物的基本安全规章(RFS-I.2)。规章明确了废物处理和整备设施的管理要求，规章规定法国国家放射性废物管理局(ANDRA)负责上述设施的安全监测，主要通过废物产品质量的检测来实现。RFS Ⅲ.2系列安全规章，规定了各种废物的产生、监测、处理、包装和暂存的基本要求。

美国非常重视放射性管理法规标准体系建设，美国联邦法规《放射性废物陆地处置的许可要求》(10CFR61号)规定了低水平放射性废物处置所需满足的废物性能要求和近地表处置的低水平放射性废物的最终废物形态的稳定性要求。美国核管会(NRC)1991年发表的“废物体的技术观点”，对固化体和固化体长期稳定性检验作出了具体说明。NRC出版了第2401号NRC检查手册《低水平放射性废物近地表处置设施检查大纲》，大纲规定了为确保废物安全实施的检查，包括对废物产生单位的检查和开展的监督性性能检测试验。与法规和要求(检查手册)配套使用的有各项导则、废物体特性和检测方法技术标准，如MCC系列、ASTM系列和ANSI、ANS系列等。

2. 建立有效的废物检测管理体系

构建完善的废物检测管理体系是实现废物安全处置的有效途径之一。在德国，与废物质量检测相关的机构有国家环境部、废物产生单位、处置库运行公司、德国物理技术研究院(PTB)及其下属的于利希核研究中心(KFA)。根据法律授权,PTB 代表政府负责放射性废物处置设施的建造和运行。其职责是对处置库运行公司和其下属的研究中心的工作进行监督。PTB 授权由其下属的 KFA 具体执行废物产品质量的检测和检查。KFA 成立了一个检测工作组,负责废物体或废物包的性能检测。

法国核安全局(ASN)作为主管部门,负责对影响废物特性的所有活动实施安全监管。ANDRA 作为处置设施的设计者和运营者,负责处置废物满足废物接收规范要求。在法国,废物产生者对其所产生的废物负责,直至将其处置。废物管理中涉及的相关责任方有运输公司、承包废物处理的单位、中间储存或最终处置中心的运营单位、废物管理最优化研究和开发机构,各单位和机构对各自所从事活动的安全负责。废物管理技术优化研究机构对废物处理、包装和废物特性鉴定技术进行优化研究。法国原子能委员会(CEA)在卡达哈希核研究中心设立了一个固化废物特性专家鉴定实验室(LECC),开展放射性废物体特性检测方法和技术的研究。

瑞士废物检测的相关机构有主管部门、废物产生单位、处置运营单位和废物检测工作组。其中,废物检测工作组的工作涉及整备过程的检查、废物随机取样检测等。废物检测工作组必须提供必需的试验设备。抽样检查的类型、数目和抽样频率的确定需要考虑废物产生单位提供的文件。主管部门负责放射性废物的处置,对处置库的运营和废物监测工作组的活动进行监督。

3. 鼓励开展废物性能检测新技术研究

CEA 在卡达哈希核研究中心设立的 LECC,开展放射性废物体特性检测方法和技术的研究,开发了多种非破坏性检测方法和破坏性检测技术。破坏性检测包括 1∶1 规模的浸出检测技术,钻孔芯样的抗压强度和静态浸出测试。

美国针对其初期放射性废物检测标准要求偏低和标准执行性较差的情况,组织建立了多个废物特性检测技术研究中心,包括美国材料表征中心(MCC)、美国材料和试验协会(ASTM)、美国核学会(ANS)以及美国环保局(US EPA)的下属研究机构等。其中,美国太平洋西北实验室的美国材料表征中心(MCC)成立于 1980 年,由美国能源部(DOE)组织建立,其目的是对废物包装材料进行检验,确保其满足 DOE 的核废物管理大纲。同时,MCC 负责开展固体废物特性检测技术研发,并发布一些关键的性能检测试验方法。关于固体废物的抗浸出性或抗浸泡性,MCC 建立了一套试验方法,称为 MCC 法。ASTM 研究并发布的关键检测试验技术有整体废物浸出试验技术,废物干 - 湿循环试验技术和废物抗生物侵蚀试验方法。

4.3 国内废物体/废物包性能检测

4.3.1 我国目前废物处置技术研究现状

我国低中水平放射性废物处置技术研究工作始于20世纪80年代。随着“多重屏障”处置概念设计研究的深入,对待处置废物的性能要求和相应的检测工作逐渐开展,并获得初步成效。其具体体现在如下几个方面[12]:

1. 法规标准体系的逐步完善

其具体包括《中华人民共和国放射性污染防治法》的颁布实施;《放射性废物安全监督管理规定》(HAF401)的修订和《放射性废物安全监督管理办法》的编制,管理办法中明确提出“应对固化/固定体性能进行检测”的要求;废物处置安全及废物体性能检测相关标准的制定、修订,包括《低中水平放射性固体废物的近地表处置规定》(GB 9132)、《放射性废物近地表处置的废物接收准则》(GB 16933)、《低中水平放射性废物固化体性能要求 水泥固化体》(GB 14569.1—2011)、《低中水平放射性废物体抗浸出标准试验方法》(GBT 7023—2011)、《放射性废物体和废物包的特性鉴定》(EJ 1186—2005)等。

2. 大量放射性废物水泥固化体性能检测实践的开展

在国内,无论是已有还是新建的核电厂,它们大多数都采用水泥固化进行低中水平放射性废物的处理。早期建造的秦山核电厂和大亚湾核电厂,在对其水泥固化生产线工艺和配方改进过程中,均开展了废物水泥固化体性能检测和安全评审。目前国内对新建核电厂配套建设的废物水泥固化生产线均要求开展固化产品性能检测,已开展和正在开展的新建核电厂包括岭澳二期、宁德、红沿河、防城港、阳江、方家山、三门核电厂等。截至目前,上述性能检测均由核电技术服务单位(中国辐射防护研究院)具体实施完成。

3. 性能检测要求和技术的不断完善与提高

20世纪80年代至20世纪末的20年间,中国辐射防护研究院对低中水平放射性废物固化体性能检测方法和技术开展了较多的集中研究,特别是有关固化体抗浸出行为的研究[13-21],根据研究成果编制了废物体长期浸出试验方法国家标准,即GB 7023—1986[22]。为验证废物与水泥的兼容性和固化体的均一性,在国内首次开展了低中水平废物水泥固化体破坏性取样检测方法研究[23]。

随着固化体性能检测实践的不断开展,从产品质量控制角度,研究并提出了固化体性能检测样品的平行性和误差控制要求;提出了废物固化体可免于开展耐辐照和抗冻融性能测试的条件和要求。这些研究成果也以标准要求的形式,在GB 14569.1—2011给予明确规定。研究并提出了废物体快速浸出试验方法,试验方法也已纳入GBT 7023—2011国家标准;设计并加工了废物水泥固化体性能检测专用工器具(参见图4-3),包括样品固化试模、

固化试模(专利号:ZL 200920277696)

辐解气体采集器(专利号:ZL 201120237424.1)

抽屉式固化样品专用运输容器(专利号:ZL 201320722928.1)

全自控9 m跌落试验台架

样品表面预处理机

图4-3　放射性废物固化体性能检测专用工器具

辐照降解气体采集器、放射性样品运输容器、9 m 跌落试验台架和样品预处理机等。

4. 低中水平放射性废物近地表处置工作的开展

国内西北和广东北龙两座近地表处置场均已获得运行许可,并已处置接收了部分废物,建立有废物处置运行管理体系。

5. 存在的问题

随着国内放射性废物体安全表征工作的广泛开展和不断深入,国内目前在废物体性能监测方面存在的问题也逐渐显现。

①缺乏废物体监测法规监管要求,监管要求的主要内容包括,实施废物体性能监测的责任主体和相关责任部门的具体职责,监测的时间点和监测频率要求,性能监测质量保证要求。

②废物体性能监测技术有待补充和提高,包括废物体性能快速检测技术,放射性废物体大尺寸样品(200 L 或 400 L)的破坏性检测技术,破坏性检测试验装置,放射性废物体样品的采集技术,破坏性浸出在线检测技术等。

4.3.2 现行法规标准

2003 年颁布的《中华人民共和国放射性污染防治法》是国内放射性废物管理的总纲,规定了放射性废物产生、处理、储存、处置和排放的总原则。依据《放射性污染防治法》编制的《放射性废物安全管理条例》已于 2012 年颁布实施。目前,正在根据《放射性废物安全管理条例》编制《放射性废物安全监督管理办法》,该管理办法报批稿第十二条规定:采取固化/固定处理的,放射性废物产生单位负责对其废物固化/固定体性能进行检测。

放射性废物体性能监测依据的相关国家标准如前所述,其中 GB 14569.1 规定了废物水泥固化体的基本性能要求和检测方法,包括固化体的抗压强度、抗冲击性、抗浸泡性、抗浸出性、抗水性、抗冻融性和耐辐照性。2006 年环保部委托核与辐射安全中心和中国辐射防护研究院对该标准进行修订,修订内容如下:

①基于大量放射性核素浸出数据的整理分析和固化体浸出试验结果,首次规定了放射性核素 42 d 的累积浸出分数限值要求,可对核素累积释放行为进行有效表征;

②规定了固化体抗压强度性能检验方法新要求,包括样品制备、样品平行性、检测误差控制和检验结果的表述;

③补充了免于耐辐照性和抗冻融性测试的条件要求。

修订后的标准已于 2011 年颁布实施。

GB 7023 规定了放射性废物体抗浸出性的试验方法,早期标准的制定参照了《放射性固化体长期浸出试验》(ISO 6961—1982(E),标准的适用范围宽泛,缺乏一定的针对性。2009 年,中国辐射防护研究院受核工业标准化所委托对该标准进行修订。修订中通过不同浸出方法的比对试验和资料分析，提出了废物体快速浸出试验方法，快速浸出试验方法可缩短废物体性能检测试验周期，节约检测成本，减少二次废物的产生量和实现人员辐射防护最优化。修改后的标准已于 2011 年颁布实施。

EJ 1186 规定了各种放射性废物体和废物包的性能要求及其检验方法，目前放射性废物水泥固定体的检测主要依据该标准的相关要求；GB 9132 规定了近地表处置废物的性质和包装要求；GB 16933 规定了近地表处置废物中有关放射性核素含量的要求；GB 12711 中规定了有关废物包外表面辐射水平、表面非固定污染、废物包中易裂变物质含量的限值。这些国家标准为废物体性能监测提供了最直接的依据。

4.3.3　性能监测实践

1. 废物产生单位

目前，我国的废物产生单位主要是运行中的核电厂。国内核电厂运行中产生的放射性废物以蒸残液、废离子交换树脂、废过滤器芯及技术废物为主。低中放废液和废离子交换树脂采取水泥固化的方式进行处理，废过滤器芯采用水泥固定形式进行处理。我国核电厂建设中配套建设了放射性废物处理设施，国内大部分核电厂都建立了废物水泥固化工艺，对其运行过程中产生的废物实施水泥固化，固化后形成的水泥固化体暂存于废物储存库中。

核电厂对水泥固化产生的废物产品质量安全负全面责任，采用自查或委托经授权的独立检测单位检测的方式，确保废物体性能满足标准要求和废物处置接收要求。

2. 处置运营单位

处置运营单位应遵守运行许可证中的规定，制定相应的运行操作规程。处置场的主要运行操作流程包括废物的检测和接收。废物被运到处置场后，处置运营单位首先对其进行检查，以确认废物性能是否符合处置接收要求。GB 16933 规定了低中放废物处置场的废物接收要求和检验方法。

我国两座处置场在试运行期间，建立了废物处置运行管理体系。体系中包括了接收废物的核实认定、现场整备监督与检查、废物检测接收等。两个低中放废物处置场都建立了处置场运行计算机管理信息系统。

3. 第三方检测单位

截至目前，国内放射性废物产生单位尚未建立废物体性能检测平台和能力。由于低中水平放射性废物主要来自核电厂，因此为确保废物固化产品满足规定的性能要求和处置接收准则，核电厂必须采用技术服务委托合同的方式进行废物体性能测试和评估。2008 年至今，已建核电厂废物固化工艺和配方改进的性能验证（如大亚湾核电、秦山核电）和新建核电厂 TES 系统废物水泥固化生产线（红沿河、宁德、防城港、三门、方家山等）已进行了性能验证和评估,并积累了丰富的经验,完善和补充了国内废物水泥固化体性能检测的不足,包括废物水泥固化体性能测试技术能力和平台的建立,以及专用工器具的研制(参见图4-3)和性能测试误差控制及快速浸出试验方法的建立(参见4.3.1节)。以岭澳二期TES系统性能检测项目为依托,首次开展了模拟废物破坏性性能检测(参见图4-4),并不断给予补充和完善。第三方检测单位在长期承担并实施同类项目过程中,促进了废物体性能监测的规范化。

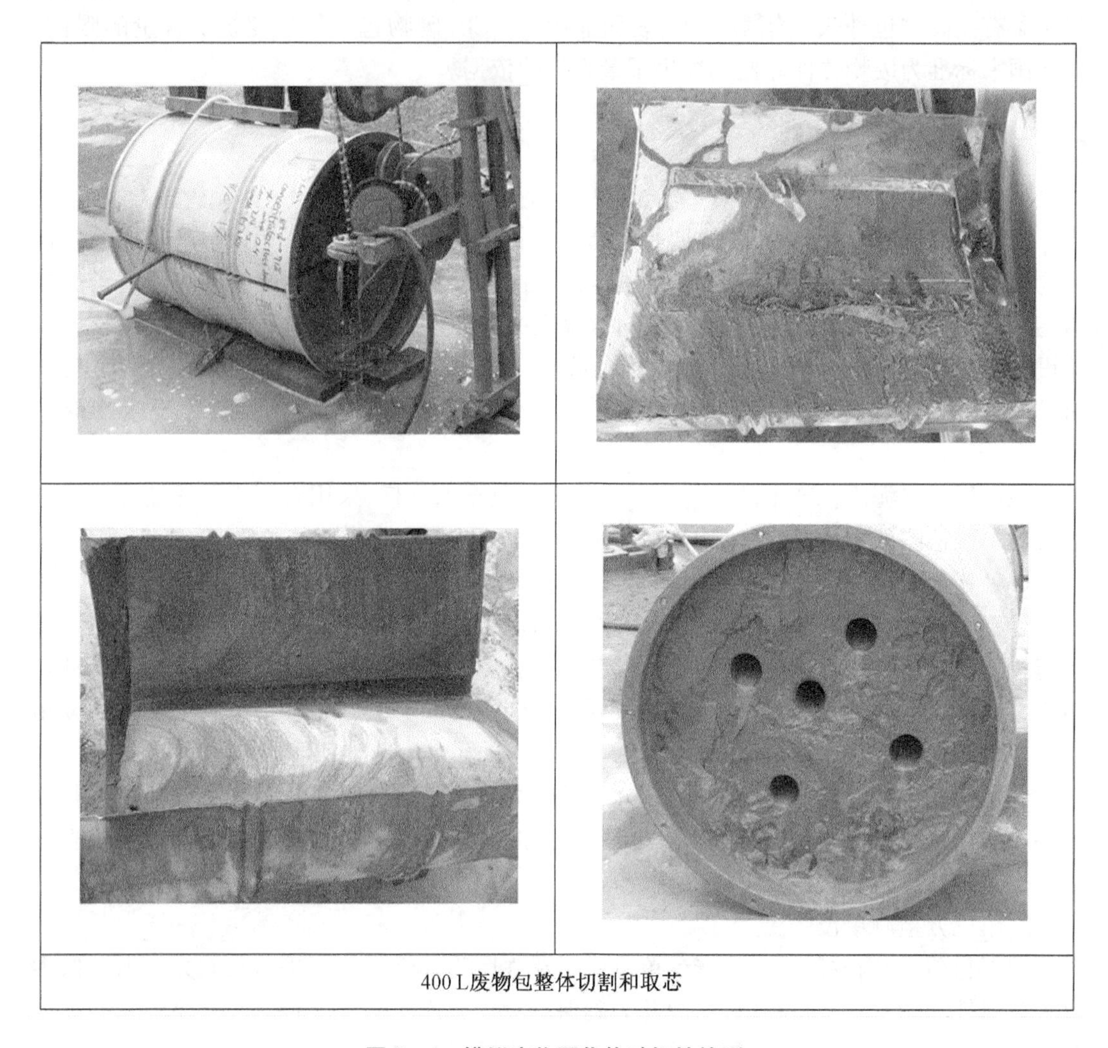

400 L废物包整体切割和取芯

图4-4　模拟废物固化体破坏性检测

4.3.4　性能检测操作和评审流程

放射性废物体性能监测的操作过程，可分为模拟废物体和放射性废物体两个阶段，如图 4－5 所示。模拟废物体性能监测包括基本参数测量和性能表征两部分：基本参数测量是在固化生产现场对水泥浆的初终凝时间、流动度和水化热进行测量；性能表征是参照 GB 14569. 1—2011和 EJ 1186—2005 的相关要求开展性能测试。放射性废物体性能监测参照 GB 14569. 1—2011 的相关要求开展性能测试，测试内容可以是该标准规定的所有性能，也可以是一些关键性能的测试，如抗压强度、抗浸出性和抗浸泡性。测试内容根据固化生产线的具体情况来确定，例如对同一废物类型以及相同废物固化工艺所产生的废物体，在放射性废物体性能监测阶段只需对一些关键性能进行测试。

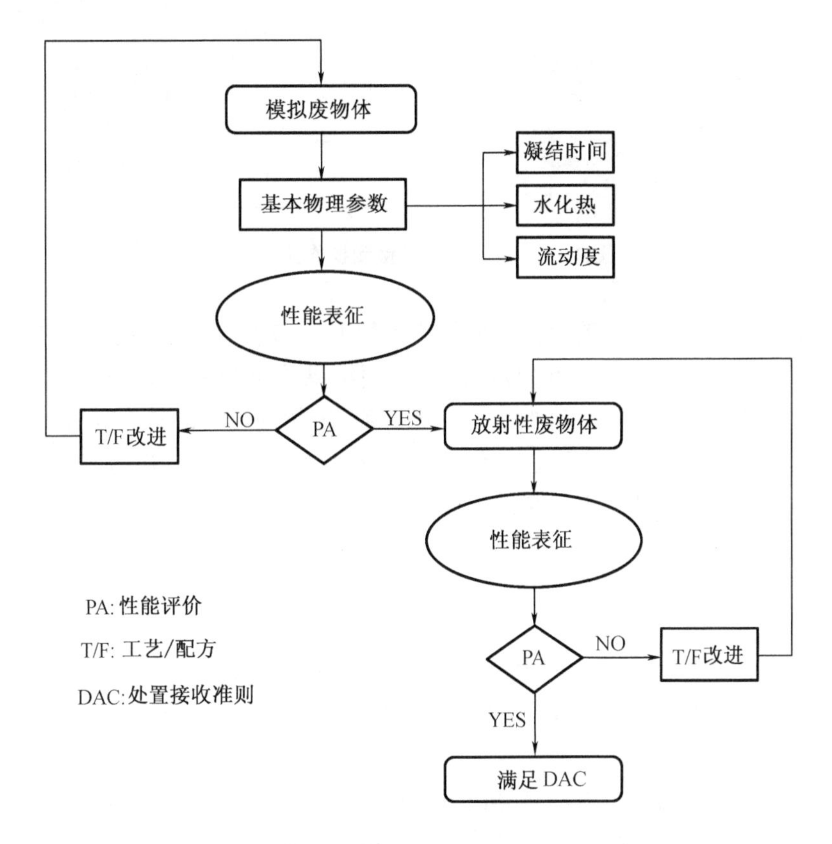

图 4－5　放射性废物体性能监测分阶段实施示意图

如图4-6所示为废物体性能检测的具体操作流程图，其包括废物体样品的采集、样品的养护、样品运输、样品预处理、样品基本参数测量、样品的性能测试及评估等过程。

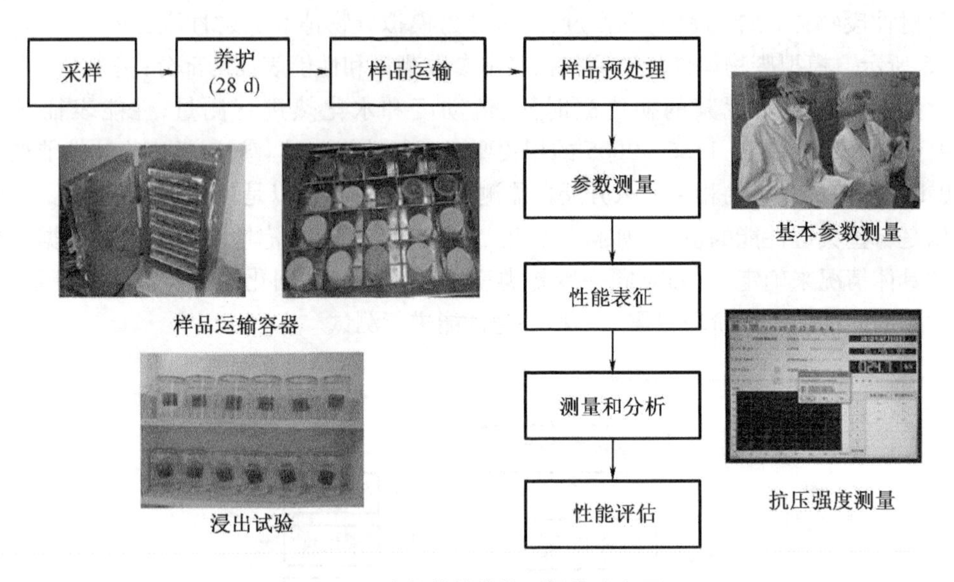

图4-6 废物体性能检测操作流程图

放射性废物体性能检测及符合性评审的流程如图4-7所示，检测的输入依据为废物产生单位的技术规范要求和相关标准规定，性能检测结果输出为评审内容，评价检测结果是否符合处置接收准则(DAC)和标准要求。经评审后，废物固化产品符合处置接收准则和标准要求的，可批准放射性废物的固化处理；存在不符合性的，要求其进行工艺和配方改进，重新作为性能表征的输入开展下一步的符合性评审。

4.3.5 问题和建议

1.存在的问题

如前几节所述，国内在废物体性能检测方面已取得了一定的进展，但是随着放射性废物安全监管新要求的提出和相关工作的不断深入，在该方面存在的问题也日益突显，具体如下：

①法规层面缺少废物体检测的具体监管要求，包括性能监测相关责任部门具体职责的规定，实施检测的时间点以及监测频率的要求，性能监测质量保证要求等；

②现有废物体性能检测相关监管和技术标准体系有待完善，包括性能检测技术标准的制定，以及部分废物处置安全相关标准的修订，如GB 9132，GB 16933，GB 12711等；

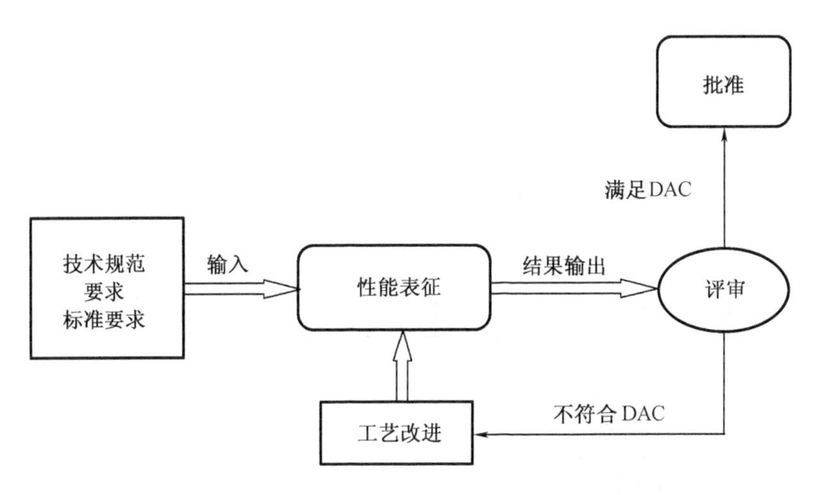

图4-7　废物体性能检测及符合性评审流程图

③废物体性能检测技术有待补充和提高,包括废物体性能快速检测技术、破坏性检测技术和检测结果数据有效性评价技术等。

2. 工作建议

根据上述问题,提出如下工作建议[12]:

(1)完善废物包检测法规标准体系

①填补法规体系中的空白

随着国内核电的不断发展,低中水平放射性废物安全处置已成为目前国内放射性废物管理的重点内容之一。为确保放射性废物近地表处置工作的顺利进行和放射性废物的长期处置安全,有必要依据正在编制的《放射性废物安全监督管理办法》,提出对废物体性能检测的具体监管要求,即:废物体性能检测的责任主体,监测的实施单位及资质要求,实施检测的时间点及检测频率要求,检测结果有效性的评估以及检测质量保证要求等。

②标准体系的优化和实时制定及修订

废物处置性能检测多涉及技术类标准,随着核电的发展和科技的进步,相关标准应进行实时修订。高效、快捷的检测技术和方法也是时代发展的要求,因此应及时制定相关的快速性能检测标准,以便补充或代替旧的检测手段。对由于历史原因被忽略的和在实际中出现的新问题,研究出台相关的新标准,如放射性废物水泥固定体的性能要求和检测。表4-4给出了需优先考虑制定的放射性废物体检测法规和技术标准建议。

表 4-4 建议优先制定的放射性废物检测技术标准

编号	法规、标准名称	优先等级
1	低中水平放射性废物体监测管理办法	☆☆☆☆
2	放射性废物水泥固定体性能检测指南	☆☆☆☆
3	放射性固体废物快速浸出试验方法	☆☆☆
4	放射性固体废物干-湿循环试验方法	☆☆
5	放射性固体废物抗生物侵蚀试验方法	☆
6	放射性废物有毒物质浸出试验方法	☆
7	放射性废物固化体机械性能检测方法	☆☆☆
8	放射性废物固化体抗浸泡性检测方法	☆☆
9	放射性废物固化体抗冻融性检测方法	☆☆
10	放射性废物固化体耐 γ 辐照性检测方法	☆☆

(2)构建完备的废物检测管理体系

对放射性废物体性能检测,各核技术发达国家的成功经验表明,强化废物检测管理机构的职能,加大安全检测监管力度,是确保废物最终处置安全的有效管理方式。国内目前的废物安全管理体系和实践监管模式提供了废物体性能监测管理框架的雏形,但是各部门和机构的具体职责并没有明确规定。

我国在现有的管理框架下,应围绕以下三个方面展开工作,真正把废物体安全检测的责任落到实处。

①建立责任制度和问责制度

建立废物性能监测责任制和问责制,明确各部门和机构的职责。确保废物处置安全的两个关键控制点是废物生产过程工艺控制和废物产品的特性检测;明确废物生产过程检查中和废物产品特性检测中主管部门、废物产生单位和处置运营单位实施的检查活动,包括检查内容、检查方法和检查频率等。

②加强综合管理

加强废物体性能检测的综合管理,积极探索各部门和机构间的协作体制,不断完善主管部门、废物产生单位、处置运营单位间以及废物质量跟踪检测中心之间的协调配合。图 4-8给出了各部门和机构间的协作机制框架建议。国务院环境保护行政主管部门对与废物安全相关的整个活动实施监督,废物产生单位和处置运营单位对监督过程提供所必需的相关支持,废物质量跟踪检测单位作为废物体性能检测的技术支持单位,可受国务院环境保护行政主管部门的授权或废物产生单位(处置运营单位)的委托实施检测活动,并将检测过程和结果反馈给向国务院环境保护行政主管部门或废物产生单位(或处置运营单位)。在受委托对废物性能检测过程中,废物产生单位或处置运营单位提供相关支持,废物质量跟踪检测单位就检测结果及时向委托方反馈信息。另外,处置运营单位应向废物产生单位反馈对处置废物的核查结果。

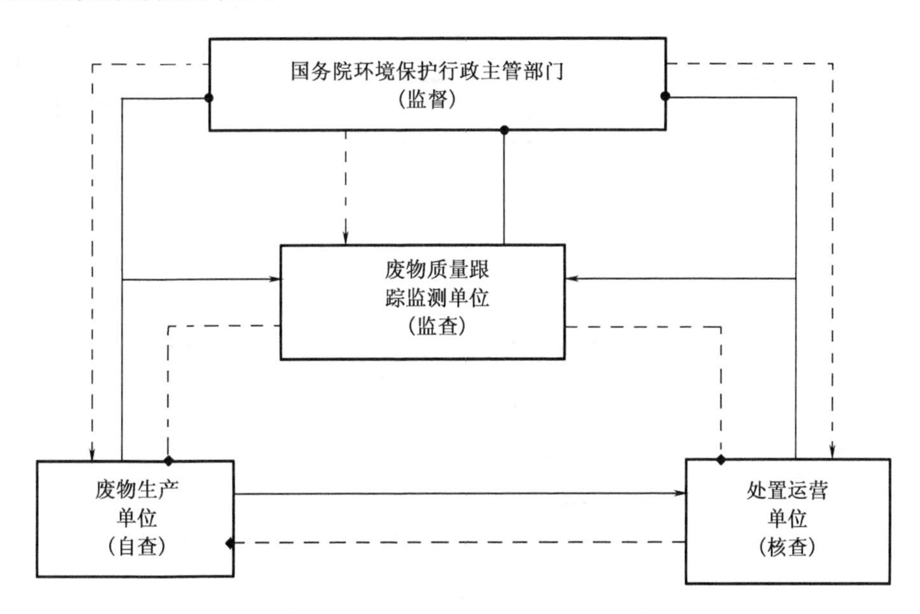

图 4－8　各部门和机构间的协作机制框架建议

——→提供支持;　　－－－◆反馈信息;
——●报告;　　－－－→监督

③建立国家层面的技术后援单位

设立国家主管部门检测管理技术后援单位,为处置废物的安全提供科学、高效的决策技术支持。放射性废物性能检测管理体系的设计框架如图 4－9 所示。废物质量跟踪检测中心的职责是在得到主管部门授权的情况下,对废物实施性能检测。废物产生单位或处置运营单位在不具备废物检测技术和条件的情况下,应委托经授权的废物质量跟踪检测中心对废物实施检测。废物质量跟踪检测中心作为技术支持单位,其核心任务是关注检测技术及方法的可行性和科学性,研究先进、快速的废物安全表征技术和方法。

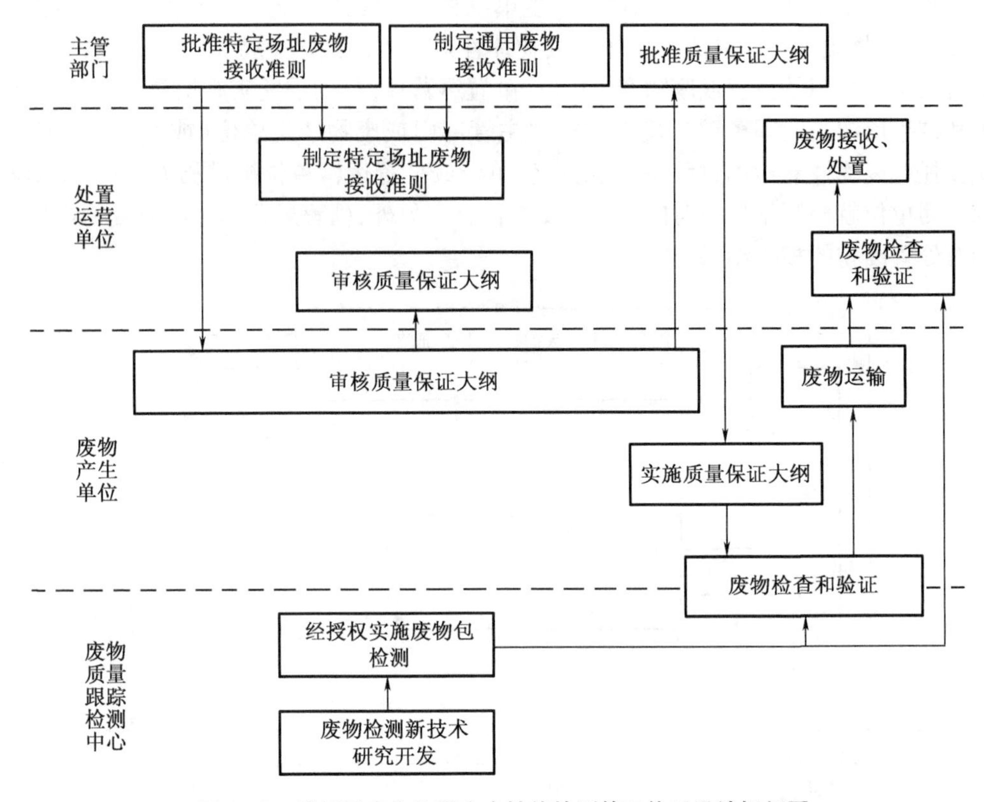

图 4-9　放射性废物处置安全性能检测管理体系设计框架图

(3)建立健全高效的废物检测能力体系

西方国家在大力发展核电建设技术的同时,也注重对后端废物管理技术能力的建设,各国成立专门的研究机构,用于研究和开发实用、快捷的废物检测技术。国内目前的废物检测技术多为等效采用发达国家或国际组织的研究结果。由于缺少对相关技术的基础研究,使得现有技术缺乏系统性,无法与核电技术的发展相适应。为确保我国核电事业的协调和可持续发展,应加强废物管理的科学技术工作,增加技术储备。要依靠科技进步,积极开发高效、实用的废物检测技术,鼓励探索技术性强,检测效率高的方法和技术。

①建立废物检测中心和检测技术研发机构,自主创新开发自己的技术,集中建立实用的废物检测体系。

②建立完善废物检测基础能力,以便满足固化配方和性能测试,模拟试验和放射性试验的需要。配备相关的仪器设备,实现对废物体基本要求性能的测试和新方法、新技术的研究。

③研究快捷、有效的废物检测技术和方法，提高对处置废物的检测效率和检测的适用性。开发新的废物检测方法，填补现有检测技术中的空白，确保废物的最终处置安全。表 4－5 列举了需要建立的废物检测技术和方法。

表 4－5　需要建立的废物体性能检测技术和方法

编号	检测技术和方法名称
1	放射性固体废物性能快速检测技术：加速浸出、快速浸泡
2	废物体性能检测中的数据质量目标控制技术
3	放射性废物水泥固定体性能检测方法
4	放射性固体废物干－湿循环试验技术
5	放射性废离子交换树脂水泥固化体的耐辐照试验技术
6	放射性废离子交换树脂水泥固化体的抗生物侵蚀试验技术
7	放射性废物有毒物质浸出试验方法

4.4　固化/固定后废物体性能要求

从废物长期储存和处置角度考虑，废物体的主要性能包括机械性能、抗水性以及长期储存和处置环境下废物体的耐久性。表 4－6 为我国放射性废物水泥固化体和固定体应满足的各项性能要求以及参照的标准依据。由表 4－6 可以看出，放射性废物水泥固化体性能检测应满足 GB 14569.1 的各项要求，包括废物体的机械性能（抗压强度和抗冲击性）、抗水性（抗浸泡性和抗浸出性）以及储存和处置环境下的耐久性（包括抗冻融性和耐辐照性）。放射性废物水泥固定体性能检测应满足 EJ 1186 的各项要求，包括抗压强度、流动性和抗氯离子渗透性。

4.4.1　机械性能

机械性能是废物体储存和处置接收准则的一个重要指标。可以通过一系列的机械性能测试来验证在规定时间内废物体保持其完整性的能力，机械性能测试包括抗压强度测量和 9 m 跌落试验。

表4-6　放射性废物水泥固化体/固定体性能监测内容和依据

序号	性能测试内容	性能要求	参照标准	备注
1	游离液体	在室温、密闭条件下，经过养护后的水泥固化体不应存在泌出的游离液体	GB 14569.1—2011	水泥固化体
2	抗压强度	水泥固化体试样的抗压强度不应小于7 MPa	GB 14569.1—2011	
3	抗冲击性	从9 m高处竖直自由下落到混凝土地面上的水泥固化体试样或带包装容器的固化体不应有明显的破碎	GB 14569.1—2011	
4	抗浸泡性	水泥固化体试样抗浸泡试验后，其外观不应有明显的裂缝或龟裂，抗压强度损失不超过25%	GB 14569.1—2011	
5	抗浸出性	核素42 d的浸出率应低于下列限值： — ^{60}Co：2×10^{-3} cm/d； — ^{137}Cs：4×10^{-3} cm/d； — ^{90}Sr：1×10^{-3} cm/d； — ^{239}Pu：1×10^{-5} cm/d； —其他β，γ放射性核素（不包括^{3}H）：4×10^{-3} cm/d； —其他α核素：1×10^{-5} cm/d。 核素42 d的累积浸出分数应低于下列限值： — ^{137}Cs：0.26 cm； —其他放射性核素（不包括^{3}H）：0.17 cm	GB 14569.1—2011	
6	抗冻融性	水泥固化体试样抗冻融试验后，其外观不应有明显的裂缝或龟裂，抗压强度损失不超过25%	GB 14569.1—2011	
7	耐γ辐照性	水泥固化体试样进行γ辐照试验后，其外观不应有明显的裂缝或龟裂，抗压强度损失不超过25%	GB14569.1-2011	

表 4－6(续)

序号	性能测试内容	性能要求	参照标准	备注
8	抗压强度	28 d 抗压强度不小于 60 MPa	EJ 1186—2005	固定体（水泥砂浆）
9	流动度	流动度不小于 310 mm	EJ 1186—2005	
10	抗渗性能	28 d 氯离子迁移电量不大于 2 500 C	EJ 1186—2005	
11	抗压强度	28 d 抗压强度不小于 60 MPa	EJ 1186—2005	固定体（细石混凝土）
12	流动度	塌落扩展度不小于 680 mm	EJ 1186—2005	
13	抗渗性能	28 d 氯离子迁移电量不大于 2 000 C	EJ 1186—2005	

1. 抗压强度

水泥是放射性废物固化体中用来保证废物体保持结构完整性,进而保证废物体结构长期稳定性的一种基料。因此,水泥固化样品的抗压强度是水泥固化体性能的一项重要指标。为了更好地保证废物体具有足够的机械稳定性,要求废物水泥固化体不仅能够承受近地表处置码放和填埋负荷,而且能够随着时间的推移,保持废物体的形态和尺寸不变(不发生碎裂)。因此,废物水泥固化体应有的抗压强度,能够代表当前水泥固化工艺能够实现并达到的合理值。42.5 普通硅酸盐水泥养护满 28 d 的抗压强度可达到 50 MPa,比现有的低放废物近地表处置负荷下抗形变所需要的最小抗压强度约大 6 倍。大多数情况下,低中水平放射性废物的化学组成与水泥的组成不具有兼容性,因此,对养护满 28 d 的废物水泥固化体的抗压强度要求不小于 7 MPa。

我国放射性废物水泥固化体性能检测标准于 1993 年发布实施,标准规定了低中水平放射性废物水泥固化体的抗压强度应不小于 7 MPa。作为一项非常重要的性能参数,GB 14569.1—1993对抗压强度测试样品的代表性和测试结果的误差分析没有作出规定[25]。该标准修订的一个主要内容就是对抗压强度的误差控制方法的研究。

水泥固化体的抗浸泡性、抗冻融性和耐 γ 辐照性试验后的抗压强度损失不超过25%的要求,仅仅是一个理论上的要求值。实际上固化样品条件试验后的抗压强度损失包括了以下两方面:

①水泥固化体在抗压强度测定时,每个试样的抗压强度测定值都会与平均值有偏差;

②试验后水泥固化体抗压强度的变化造成的损失。

因此,首先有必要限制抗压强度测量值的正负偏差,实现对水泥固化体抗压强度的合格性检验。

GB/T 17671—1999[26]规定,水泥抗压强度的测定结果以一组 3 个棱柱体抗折后得到的 6 个抗压强度测定值的算术平均值表示。如果 6 个测定值中有 1 个超出 6 个平均值的 ±10%,应剔除这个结果,而以剩下 5 个的平均值为结果。如果 5 个测定值中再有超过它们

平均值的 ±10%,则该组结果作废。

收集分析了低中水平放射性废物抗压强度以往大量测试结果,分析结果表明,个别数据的相对标准偏差超过了 50%,大多数测量数据的相对标准偏差控制在 31% 以内。数据分析中没有考虑测试样品个数对相对标准偏差的影响。

实际上,从测量样品自由度与相对标准偏差的理论关系可以看出,自由度与相对标准差间存在反比关系,即自由度与相对标准偏差平方成反比。相对标准偏差愈大,自由度愈小;相对标准偏差愈小,自由度愈大。如果要使试验结果的相对标准偏差小于 1/3,理论上要求自由度必须大于 5 或等于 5。

综上所述,GB 14569.1—1993 修订中基本采用 GB/T 17671—1999 中抗压强度的数据处理和误差控制方法。修订后新标准(GB 14569.1—2011)规定:在抗压强度性能检验中,应至少对 6 个水泥固化体平行样品进行测量,以一组 6 个抗压强度测定值的算术平均值为试验结果。如 6 个测定值中有一个超出 6 个平均值的 ±20%,应剔除这个结果,而以剩下 5 个的平均数为结果。如果 5 个测定值中再有超过它们平均值 ±20% 的,则此组结果作废。

2. 抗冲击性

GB 14569.1 规定了放射性废物水泥固化体 9 m 的抗冲击性能检测要求。9 m 高的跌落试验是模拟放射性物质在运输过程中,车辆以 50 km/h 速度行驶时翻车的情景。国家对放射性物质运输有严格的规定,运输放射性物质的车辆在高速路开快车是不允许的,但对运输放射性物质的车辆最大车速限值没有明确规定。目前对 GB 14569.1—2011 规定的废物水泥固化体的抗冲击性能要求和性能检测方法还存在较多争议,主要原因如下:

①放射性废物实际运输过程中,废物体带有外包装;

②国际上其他国家目前还没有该性能要求;

③新建核电厂配套水泥固化生产线的水泥固化体性能测试中发现,多次抗冲击性试验结果不符合标准要求,6 个平行样品有超过 3 个的样品破损严重(如图 4-10 所示),特别是国内引进的美国西屋双螺旋搅拌桶内固化技术。

目前,对该性能要求的争议主要有两点:

第一,9 m 高度的跌落试验是否能够反映固化体的抗冲击性能;

第二,试验方法和结果判定的不确定性。

针对这些问题,首先应对废物水泥固化体抗冲击性能要求和测试开展进一步研究,包括国内外废物体或废物包抗冲击性相关资料的分析;其次是固化体抗冲击试验规范技术研究,包括固化体外加包装的跌落试验,抗冲击试验台架的设计加工(参见图 4-3)。

4.4.2 抗浸出性

对放射性废物固化体,最关心的是使水与废物的接触最小化,因为水与废物的接触是放射性核素场外释放和迁移的潜在途径中的第一步。放射性核素通过与水的接触从废物

C-07　C-15
C23　C-25
C-26　C-27

图 4－10　不符合标准要求的抗冲击测试结果示例

体中浸出或释放,之后,随地下水流方向发生迁移。因此,浸出也是废物安全处置中最关心的一个现象。

国内对放射性废物体抗浸出性能检测方法,早期采用的是《放射性废物固化体长期浸出试验》(GB 7023—1986)规定的标准浸出试验方法。在长期的废物体性能检测实践中发现,GB 7023—1986 规定的试验方法存在不足:GB 7023—1986 规定,废物体的浸出试验至少进行一年,试验周期长,试验数据难以获取。在对废物产生单位产生的放射性废物水泥固化体性能检测过程中发现,按照 GB 14569.1—1993 可以在 3 ~ 4 个月内完成标准要求的抗压强度、抗冲击性、抗冻融性和抗浸泡性的检测试验。但是一年的抗浸出试验将使整个性能检测任务延长到 13 ~ 14 个月。

针对上述现状和不足,GB 7023—1986 修订过程中重点开展了短期浸出试验方法的研究。修订部门调研分析了国际上重要的放射性废物体浸出试验方法,开展了浸出试验方法比对试验,并对 GB 7023—1986 进行修订。

《低中水平放射性废物固化体标准浸出试验方法》(GB 7023—2011)适用于在实验室条件下,低中水平放射性废物固化体浸出性能的检测。标准要求,样品被完全浸入实测体积的水中,定期更换浸出剂。取出浸出液后,分析其中的放射性核素(或元素)组成及水平,所获数据表示为每一种浸出形态可浸出性物质参数。

GB 7023—2011 规定了长期和短期两种浸出试验方法。

1. 长期浸出方法

浸出总周期为 19 个周期,即从试验开始在累积浸出时间 24 h,3 d,7 d,10 d,14 d,21 d,28 d,35 d 和 42 d 更换浸出剂,42 d 后每隔 30 d 更换一次,共一年的浸出周期。

2. 短期浸出方法

从试验开始在累积浸出时间 2 h,7 h 和 24 h 更换浸出剂。后续的浸出液取样和浸出剂更换按照 24 h 的间隔进行,持续 4 d,标准试验周期共为 5 d。作为对浸出试验的延伸,5 d 后可增加 3 个浸出周期,分别是 14 d,28 d 和 43 d,整个试验共 90 d。同时,GB 7023—2011 规定短期浸出法作为推荐试验方法,适用于放射性废物固化配方研究阶段的废物固化体抗浸出性评估,而废物固化体的抗浸出性验证则应采用长期浸出方法。

4.4.3 浸泡试验

对放射性废物固化体,浸泡试验的最短周期为 90 d。浸泡剂为去离子水或模拟海水。应当根据短期(24 h 或更长)浸出试验来选择浸出液,筛选出最有侵蚀性的浸出剂。

在浸泡前,试验样品应至少养护 28 d。浸泡后,应目测样品,不应有明显的裂隙、破裂或碎裂。如果没有明显的表观缺陷,依据 GB14569.1 对样品进行抗压强度试验,浸泡后的抗压强度损失不超过 25%。依据美国 NRC 技术报告,如果浸泡后的抗压强度损失大于 25%(但抗压强度不小于 7 MPa),则浸泡试验的周期应延长到最少 180 d。对于这些情况,应进行足够的抗压强度试验(如浸泡 120 d,150 d 和 180 d),确定抗压强度不随时间继续下降的日期。

4.4.4 抗冻融性[27]

1. 验证抗冻融性所考虑的因素

在放射性废物水泥固化体性能评价中,虽然没有将热效应作为一项关键指标给予关注,但是开展水泥固化体的抗热和抗冻性能试验,是为了验证在长期储存和处置环境条件下,废物体随环境温度或自身释热影响的稳定性。废物体抗冻融性的验证主要考虑以下方面:

①“内部因素”是确保废物体保持结构稳定性时应考虑的主要条件,其中包括温度和热效应;

②废物体会遭受“冷—热”循环环境条件的变化,特别是在废物体的储存、运输和处置阶段;

③经验表明,冻融循环试验在区别“强”废物固化体和“弱”废物固化体是一种有效的验证方式。因为废物体的冻融循环可以在废物体的微观结构之间发生,进而在废物体的不同部位间产生应力。通过试验所要求的最高与最低温度之间的循环,废物体样品最初的裂隙可能传播,最终导致废物体长期稳定性的减弱。因此,冻融循环试验是筛除“弱”废物体的一种有效方式。

2. 抗冻融性能相关标准之间的区别

抗冻融性也是水泥建筑等行业材料检验的一项重要参数。国内外相关行业均已制定了水泥/混凝土样品抗冻融性能的相关标准。这些标准要求的主要区别包括以下方面:

①样品的尺寸;

②样品的冷冻温度和融解温度;

③样品的冷冻时间和融解时间;

④样品的冷冻和融解循环次数;

⑤样品的冷冻介质和融解介质;

⑥结束冻融循环后对样品性能的测定方法。

3. 冻融试验

冻融试验是检验样品抗冻融性能的试验方法。适用范围一般是单独制备并经养护后的样品,也可以是从大体积样品上钻孔取芯得到的样品或其他样品。冻融试验是先将样品称量和测量尺寸,并记录。然后将其置于冷冻箱内进行冷冻循环,冷冻循环结束后立即将其放置于融解槽内进行解冻循环。有的标准规定连续进行若干个冻融循环后测量其质量和尺寸变化,再根据标准规定进行性能测定;有的标准则规定每个冻融循环都要测量其质量变化和尺寸变化,并要收集其残渣以及做好记录,最后进行性能测定。至于冻融循环的时间、温度和次数,不同的行业标准有不同的规定,性能测定方法也不同。

4. 抗冻融试验方法

国内有关废物水泥固化体抗冻融性能监测的相关标准有 GB 14569.1 和《天然饰面石材试验方法干燥、水饱和、冻融循环后压缩强度试验方法》(GB 9966.1—1988),该两项标准对固化体抗冻融的具体参数要求如表 4-7 所示。由表 4-7 可以看出,GB 14569.1 和 GB 9966.1—1988关于抗冻融试验的方法基本相似,但也存在如下差异:

表 4-7　国家标准抗冻融试验参数比对表

标准	GB 14569.1—1993	GB 9966.1—1988
样品尺寸及形状	ϕ50 mm×50 mm,圆柱体	50 mm×50 mm×50 mm,立方体
冷冻温度及时间	-20 ℃~-15 ℃,3 h	-20 ℃±2 ℃,4 h
融解温度及时间	15 ℃~20 ℃, 4 h	室温下,4 h
冻融循环次数	5 次	25 次
试验样品数量	6	5
性能要求	抗压强度损失≤25%	—

①在样品形状和样品量方面,GB 14569.1 规定使用圆柱体样品,平行样品量为 6 个;GB 9966.1 规定使用立方体,平行样品量为 5 个。

②冷冻温度基本一致,但融解温度、冷冻时间及循环次数不同。GB 14569.1 规定样品冷冻时间为 3 h,融解温度为 15~20 ℃,冻融循环次数为 5 次;GB 9966.1 规定冷冻时间为 4 h,融解温度为室温,冻融循环次数为 25 次;

③冻融试验后性能要求,GB 14569.1—1993 中要求抗压强度损失≤25%, GB 9966.1—1988 中没有提及。

美国有三项国家标准涉及样品的抗冻融性,针对人造混凝土砖石组件、固体废物样品和掺土水泥样品,采取的是样品经过冻融循环后测量其质量损失,通过比较质量损失来检验冻融循环试验对样品的影响程度,三项标准中详细的技术参数如表 4-8 所示。由表 4-8 可以看出,美国国家标准三个关于抗冻融试验的方法也存在一些差异,在样品尺寸及形状、冷冻温度及时间、融解温度及时间、冻融循环次数等方面均有不同。

表 4-8　美国国家标准抗冻融试验参数比较表

标准	ASTM C1262—05a	ASTM D4842—1990	ASTM D560—03
样品尺寸及形状	厚度 32 mm±2 mm 表面积 161~225 cm^2	ϕ44 mm×74 mm 圆柱体	内径(101.60±0.41)mm^2, 高度 63.5 mm
冷冻温度及时间	-18 ℃±5 ℃,4 h~5 h	-20 ℃±3 ℃,24 h	≤-23 ℃,24 h
融解温度及时间	24 ℃±5 ℃,2.5~96 h	20 ℃±3 ℃,23 h	21 ℃,23 h
冻融循环次数	20 次(水中),10 次(盐溶液中)	12 次	12 次
试验样品数量		6 个样品, 3 个试验, 3 个对照	
性能要求		累计质量损失≤30%	

综合分析上述国内外相关标准要求,废物体抗冻融性能检测应从如下几方面作进一步研究:

①参考美国标准,延长冷冻时间。由于冷冻时间一般延长为24 h,因此融解时间也同样需要延长为23~24 h。

②参考美国标准,增加冷冻循环次数,一般为12次。

③确定免于抗冻融性能测试的条件。抗冻融性是废物长期储存和处置环境下废物体耐久性的表征,因此,可以根据环境一年温度的变化来界定免于抗冻融测试的条件。如对一些南方地区,一年中最低温度基本不低于0 ℃时,可考虑不开展抗冻融试验。

4.4.5 耐辐照性

美国核管会(NRC)在《废物体技术观点报告》(1991版)中规定,废物固化体应当进行辐照试验,样品最小受照剂量为1.0×10^6 Gy。1.0×10^6 Gy的照射剂量大约相当于低中水平放射性废物体在300 a近地表处置期内可能受到的累积剂量。对有机废离子交换树脂,1.0×10^6 Gy是可以承受的最大受照剂量。因为在累积受照剂量达到1.0×10^6 Gy时,离子交换树脂将发生可测量到的损坏。但对水泥胶凝类物质,当累积剂量较高时(如明显超过1.0×10^6 Gy),水泥本身特性无明显减弱。因此,该技术观点报告指出,对水泥固化体可以不开展耐辐照性能验证,除非废物水泥固化体中含有离子交换树脂或其他有机质物质,且废物体累积剂量预期超过1.0×10^6 Gy。试验累积受照剂量建议:对于含离子交换树脂或其他有机介质的固化体,受照剂量为1.0×10^6 Gy或预期最大剂量大于1.0×10^6 Gy;其他情况需要开展耐辐照性能验证的废物体,最大照射剂量应大于1.0×10^7 Gy。

GB 14569.1规定,耐辐照性能测试“直至试样累积吸收剂量达到相应活度浓度水泥固化体所可能受到的累积吸收剂量时,取出玻璃管,观察其外观,并测定其抗压强度”。针对如何确定水泥固化体的累积吸收剂量值,文献[18]给出了估算废物体的累积受照剂量的方法[28]。

假定放射性废物近地表处置周期为300 a,参照《放射性废物的分类》(GB 9133—1995)规定的中放固体废物活度浓度限值,以低中水平放射性废物固化体中典型γ放射性核素^{137}Cs和^{60}Co为例,计算耐γ辐照核素的累积吸收剂量值。

将废物体视为一无限大体积γ源[1],其任意一点的空气比释动能率为

$$X=\frac{4\pi A_s\Gamma}{\mu} \tag{4-1}$$

式中 Γ——空气比释动能常数;

A_s——放射性物质活度的体积浓度,Bq/m^3;

μ——源物质对γ射线的线减弱系数,m^{-1}。

其中

$$A_s=A_0\cdot\rho \tag{4-2}$$

式中　A_0——放射性物质的活度质量浓度，Bq/kg；

ρ——放射性物质的密度，kg/m^3。

则有

$$X = \frac{4\pi A_0 \Gamma}{\mu/\rho} \tag{4-3}$$

在同一点上，某物质的吸收剂量率 D 与 X 有下面关系，即

$$D = X(1-g) \tag{4-4}$$

式中，g 为次级电子在慢化过程中，能量损失于韧致辐射的份额。在忽略带电粒子产生的韧致辐射效应时，$D=X$。

吸收剂量计算结果如表 4－9 所示。

表 4－9　放射性废物近地表处置累积吸收剂量计算结果

核素	计算参数						
		π	A_0/(Bq/kg)	Γ	μ/ρ	D/(Gy·s^{-1})	累积吸收剂量/Gy
^{137}Cs	4	3.14	3.70×10^{11}	2.12×10^{-17}	9.00×10^{-3}	3.94×10	2.07×10^{7}
	4	3.14	3.70×10^{10}	2.12×10^{-17}	9.00×10^{-3}	3.94	2.07×10^{6}
	4	3.14	3.70×10^{9}	2.12×10^{-17}	9.00×10^{-3}	3.94×10^{-1}	2.07×10^{5}
	4	3.14	1.00×10^{9}	2.12×10^{-17}	9.00×10^{-3}	1.07×10^{-1}	5.60×10^{4}
	4	3.14	7.20×10^{8}	2.12×10^{-17}	9.00×10^{-3}	7.67×10^{-2}	4.03×10^{4}
	4	3.14	5.80×10^{8}	2.12×10^{-17}	9.00×10^{-3}	6.18×10^{-2}	3.25×10^{4}
	4	3.14	3.70×10^{8}	2.12×10^{-17}	9.00×10^{-3}	3.94×10^{-2}	2.07×10^{4}
	4	3.14	1.80×10^{8}	2.12×10^{-17}	9.00×10^{-3}	1.92×10^{-2}	1.01×10^{4}
	4	3.14	3.70×10^{7}	2.12×10^{-17}	9.00×10^{-3}	3.94×10^{-3}	2.07×10^{3}
	4	3.14	3.70×10^{6}	2.12×10^{-17}	9.00×10^{-3}	3.94×10^{-4}	2.07×10^{2}
	4	3.14	3.70×10^{5}	2.12×10^{-17}	9.00×10^{-3}	3.94×10^{-5}	2.07×10
	4	3.14	3.70×10^{4}	2.12×10^{-17}	9.00×10^{-3}	3.94×10^{-6}	2.07

表4－9(续)

核素	计算参数						
		π	A_0/(Bq/kg)	Γ	μ/ρ	D/(Gy·s^{-1})	累积吸收剂量/Gy
^{60}Co	4	3.14	3.70×10^{11}	8.67×10^{-17}	2.70×10^{-3}	5.37×10^{2}	4.71×10^{7}
	4	3.14	3.70×10^{10}	8.67×10^{-17}	2.70×10^{-3}	5.37×10	4.71×10^{6}
	4	3.14	3.70×10^{9}	8.67×10^{-17}	2.70×10^{-3}	5.37	4.71×10^{5}
	4	3.14	8.00×10^{8}	8.67×10^{-17}	2.70×10^{-3}	1.16	1.02×10^{5}
	4	3.14	3.70×10^{8}	8.67×10^{-17}	2.70×10^{-3}	5.37×10^{-1}	4.71×10^{4}
	4	3.14	8.00×10^{7}	8.67×10^{-17}	2.70×10^{-3}	1.16×10^{-1}	1.02×10^{4}
	4	3.14	3.70×10^{7}	8.67×10^{-17}	2.70×10^{-3}	5.37×10^{-2}	4.71×10^{3}
	4	3.14	3.70×10^{6}	8.67×10^{-17}	2.70×10^{-3}	5.37×10^{-3}	4.71×10^{2}
	4	3.14	3.70×10^{5}	8.67×10^{-17}	2.70×10^{-3}	5.37×10^{-4}	4.71×10
	4	3.14	1.50×10^{5}	8.67×10^{-17}	2.70×10^{-3}	2.18×10^{-4}	1.91×10
	4	3.14	3.70×10^{4}	8.67×10^{-17}	2.70×10^{-3}	5.37×10^{-5}	4.71
	4	3.14	3.70×10^{11}	8.67×10^{-17}	6.00×10^{-3}	2.42×10^{2}	2.12×10^{7}

由表4－9可以看出：

①当水泥固化体中^{60}Co或^{137}Cs的活度浓度小于8.1×10^{7} Bq/kg时,因为实体在300 a内达不到1.0×10^{4} Gy的累积吸收剂量值,按国标要求可不进行耐γ辐照性试验。

②当水泥固化体中^{60}Co的活度浓度大于1.1×10^{8} Bq/kg,或^{137}Cs的活度浓度大于8.1×10^{7} Bq/kg时,因为实体在300 a内能达到1.0×10^{4} Gy的累积吸收剂量值,按标准要求必须进行耐γ辐照性试验。

③当水泥固化体中同时存在^{137}Cs和^{60}Co时,而^{137}Cs的活度浓度小于8.1×10^{7} Bq/kg,^{60}Co的活度浓度在$8.1\times10^{7}\sim1.1\times10^{8}$ Bq/kg之间,这时实体是否要进行耐γ辐照性试验,需要根据该固化体各个γ放射性核素的活度浓度值,用上述计算方法经过计算来确定。若各种γ放射性核素对累积吸收剂量的贡献值之和大于1.0×10^{4} Gy时,按标准要求必须进行耐γ辐照性试验;若各种γ放射性核素对累积吸收剂量的贡献值之和小于1.0×10^{4} Gy

时，按标准要求可以不进行耐 γ 辐照性试验。

耐 γ 辐照性试验的固化体累积吸收剂量值可依据标准要求，根据固化体的 γ 放射性核素活度浓度值经过计算来确定，或者取 1.0×10^6 Gy（相当于 γ 核素活度浓度值为 3.7×10^{10} Bq/kg）作为受照剂量上限值来进行耐 γ 辐照性试验。

4.4.6 游离液体

液体废物或含有液体的废物，必须转换为一种形态：在这种形态中，所含的游离液体或非腐蚀性液体要低到合理可行的水平，但无论在何种情况下，这种液体不得超过已经加工为稳定形态的废物体积的0.5%。这样，废物样品中游离液体的体积应小于废物体体积的0.5%，游离液体的测量方法依据 GB 14569.1—2011 规定。用非放射性的模拟废物按照规定的配方制备水泥固化体，水泥固化体的高度应尽量接近工程上水泥固化体的实际高度（直径不小于 80 mm，高度不小于 750 mm），在密闭条件下养护 7 d 后，观察水泥固化体的上表面有无游离液体，并在盛装水泥固化体的容器底部用钻孔或其他适当的方法开口，开口的面积应不小于 650 mm^2，从开口处检查有无游离液体流出或滴落。

参考文献

[1] 陈式，马明燮．中低水平放射性废物的安全处置[M]．北京：原子能出版社，1998．

[2] Trentesaux C, Cairon P, Dumont J N, et al. Differences and Similarities in Andra's Assessment of Activities Carried Out by Radioactive Waste Generators and Affecting the Quality of IL – LL Shor – lived Waste Packages and HL – IL Shor – lived Waste Packages [C]//WM'03 Conference. Tucson, 2003.

[3] American Nuclear Regulatory Commission, Revision Ⅰ. Technical Position on Waste Form [S], 1991.

[4] American Nuclear Regulatory Commission. Near-surface Low-level Radioactive Waste Disposal Facility Inspection Program. NRC Inspection Manual, Manual Chapter 2401 [R], 2001.

[5] 冯声涛．中低放废物处置质量保证的国外经验与借鉴[J]．辐射防护通讯，1995，15(3)：31 – 35.

[6] 郭喜良．实施放射性废物体/废物包检测工作建议报告[R]．太原：中国辐射防护研究院，2009.

[7] 陈效军．测定放射性废物固化制品浸出因子的建议[J]．辐射防护，1982，2(1)：15 – 22.

[8] 杜大海，朱培召．沥青固化物浸出机制的初步探讨[J]．原子能科学技术，1982(1)：82 – 85.

[9] 陈效军，周环．测定放射性废物固化制品浸出因子的建议(二)[J]．辐射防护，1984，4

(3):216 -220.

[10] 杜大海. 放射性废物形式浸出性研究近况[J]. 辐射防护通讯,1985,(2):9 -20.

[11] 杜大海. 水泥浆固化体的浸出行为[J]. 辐射防护,1987,7(1):53 -59.

[12] 陈式. 放射性废物水泥固化体浸出试验的比对[J]. 辐射防护,1987,7(3):178 -184.

[13] 杜大海. 关于报告快速浸出试验结果的建议[J]. 辐射防护,1988,8(3):212 -215.

[14] 王志明,杨月娥,神山秀雄. 固化体大小对核素浸出的影响[J]. 辐射防护通讯, 1995, 15(6):25 -30.

[15] 程理, 杜大海, 龚立. 模拟低中放废物水泥固化体在地下水中浸出性能的研究[J]. 辐射防护, 2000, 20(5):299 -303.

[16] 冯声涛,龚立,程理. 低中放废物水泥固化包装体破坏性检验取样方法的初步研究[J]. 辐射防护,1997,17(4):300 -302.

[17] 郭喜良,范智文,李洪辉,等. 国标 GB 14569. 1—1993 修订中的问题和思考[J]. 辐射防护通讯,2009,29(4):15 -17.

[18] 郭喜良. 放射性废物水泥固化体性能检测技术研究报告[R]. 太原:中国辐射防护研究院,2009.

[19] 郭喜良,冯声涛,沈福. 水泥固化体累积吸收剂量的估算[J]. 辐射防护通讯,2008,3(28):31 -34.

第5章　固化产物抗浸出性检测

5.1　废物体的抗浸出性概述

放射性废物水泥固化体性能评估的一个关键表征参数是废物体的抗浸出性。放射性废物采用固化/固定处理后，在长期处置环境中，当与水发生接触后，将可能发生放射性核素的向外释放，这也是放射性核素从废物体向环境释放和迁移的第一步。因此，为确保放射性废物的长期安全，保护环境，保护人类健康，必须对放射性废物固化体的抗浸出性能进行表征。抗浸出性也是放射性固体废物安全储存和处置管理的一个重要参数。

对废物水泥固化/固定体进行浸出试验的首要目的，是评估其在假设的释放条件下，对环境安全的影响；其次是用于开发更加有效的固化/固定工艺，评价推荐处理工艺的有效性，或评价固化/固定产品是否满足废物处置接收准则。20世纪80年代，许多国家和组织开展废物体浸出试验方法研究，以此来评价废物体中污染物对环境的影响，其中包括重金属和有机物的浸出。特别是在1980年前后，对放射性废物的浸出行为研究取得了突破性进展，主要包括以下方面：

①浸出性研究不再是筛选和比较固化工艺及配方的优劣，而是针对放射性废物的最终处置安全，研究核素浸出对环境的影响；

②浸出基础理论的探讨取得较大进展，包括核素浸出机理研究、不同浸出试验方法研究和浸出影响因素研究等；

③浸出试验结果的模式计算和研究[1]。

5.2　浸出影响因素和浸出机理

早期普遍认为，固化体中放射性核素的浸出过程符合菲克(Fick)第一和第二扩散定律，通过扩散系数来估算放射性核素从固化体中的浸出量，但是根据扩散定律估算的浸出结果误差较大。人们通过深入研究发现，实际上放射性核素从固化体向环境的浸出过程受到各种物理、化学以及生物因素的影响，是一个极其复杂的过程。首先是废物体与液相(浸出剂)的接触；其次，浸出剂通过固化体的微孔结构向固化体内部的不断渗入，同时伴随着放射性核素和固化体的可溶性组成的溶解；然后，溶解物在液相的不断扩散。由此可将放射性核素从固化体的浸出过程归纳为固液相的接触、浸出剂的渗入、固化体中可溶性组成的溶解,以及溶解物向液相的不断扩散等几个过程。从废物体自身安全特性角度出发,浸出机理研究中往往将放射性核素的浸出行为给予简化,放射性核素从固化体/固定体进入浸出液的方式主要考虑溶解和扩散两个过程。

在废物水泥固化体浸出试验中发现,固化体经在去离子水浸泡一段时间,在室温条件下放置一段时间后,固化体表面会产生一层分布不均匀的白色盐粉。早期在对沥青固化体浸出机制研究中也发现了同样的现象。由该现象推测,在浸出过程中固化体结构内部产生了“通道”。存在“通道”的这一设想,经长期浸出样品的微观结构分析得以证实[2]。放射性核素和固化体的化学组成经这些“通道”,通过溶解和扩散过程释放到浸出剂中。固化体浸出初期以溶解为主,之后是水的渗入;随着水的渗入将在固化体中形成“通道”,“通道”形成后将以扩散过程为主。通常,溶解与扩散是交互进行的,且溶解过程比扩散过程快。

固化体与浸出剂间的反应主要发生在固相和液相体系,包括固化体组成的溶解和包容废物组成的溶解,溶解过程取决于浸出剂的 pH 值和浸出温度。随着浸出的进行,废物组成的溶解速率可能受到浸出剂特性的影响。以硅酸盐水泥固化体为例,$Ca(OH)_2$的存在可使去离子水浸出体系很快呈现高碱性,pH 值可达 11 ~ 12。视废物中核素形态和价态的不同,高碱性环境将对浸出过程起到抑制或促进的作用。除此之外,浸出剂中溶解的有机物、复合剂或其他离子也将影响放射性核素的浸出。

影响核素浸出的最主要因素可概括为以下三个方面:

①固化体本身的特性,如固化体的矿物质特性、完整性、密实度、孔隙率、尺寸规格、废物的包容量和渗透性等;

②浸出条件,如液固比、浸出剂的 pH 值、电导率、主要化学组成、接触时间和浸出温度等;

③固化体和周围环境间的反应。

液固比是指给定时间内,浸出剂体积与固化样品外表面积之比。通常而言,液固比小,体系容易达到过饱和状态,放射性核素浸出量低;液固比小也可能由于吸附或共离子效应而限制核素的浸出。液固比高,体系达到饱和状态所需释放的组分高,将导致核素浸出量的增加。为确保固化体抗浸出性表征的有效性和可对比性,应使用足够的浸出剂。目前通用的是使浸出剂体积 V_L(单位为 cm^3)与样品外表面积 S(单位为 cm^2)的比在浸出时间间隔内保持在 10 cm 范围内,即

$$\frac{V_L}{S} = (10 \pm 0.2)\ \text{cm}$$

美国国家标准《用短期试验程序测量低放废物固化体的浸出》(ANSI/ANS - 16.1—2003)规定:废物体的浸出机制可能涉及扩散、溶解和腐蚀等,不同机制作用的重要性随浸出条件(浸出时间、浸出温度、浸出剂 pH 值及组成、水中溶解物组成、放射性核素组成等)的不同而各有差异[3]。该标准作为一种快速浸出试验方法,假定浸出过程以扩散为主,在设定合适的初始条件和边界条件的情况下,认为在浸出过程初始阶段,内部体扩散是最可能决定浸出速率的机制。其他可能的作用机制在浸出的后期才对浸出速率起到显著影响。

标准对质量传递理论进行了简化处理,假设短期时间内,核素从废物体浸出的唯一作用机制是扩散。该假设只有在合适的初始和边界条件得到满足的条件下,才能保证试验结果的真实性和准确性。标准中给出的初始和边界条件包括:废物体表面浸出初始浓度为零;样品表面光滑、质量均匀,其质量不随时间而变差(如发生龟裂、破碎或者生成腐蚀保护层);浸出剂被连续移出,浸出组分的浓度不会有明显增加等。

质量传递控制是废物体与大量浸出剂接触开始释放时,核素释放速率受到传输控制为主的释放机理的影响。多孔介质的质量传递途径包括以下几种:

①组成在充满液体孔隙中,经由高离子浓度区向低离子浓度区的扩散;

②对流或大量液体的传输,即在液相中溶解或传输的组成通过流体流动被带走;

③固体的多孔性引起组成的弥散,弥散是由孔隙水流动变化引起的对流质量传递过程中的浓度扩散;

④裂隙流动等,通常在水泥质物料中存在微裂隙,浸出组成可以通过不流动孔隙水向裂隙交界面的流动发生扩散[4]。

5.3 浸出试验方法

1999 年 7 月,美国环保局召开了废物浸出试验方法研讨会[5],会议上美国、法国、荷兰、德国、瑞典、丹麦和加拿大等国家提出或公布了多种废物浸出的试验方法。此后,一些国家政府和组织把浸出方法的研究纳入其项目规划。浸出方法的研究不仅仅是关于毒性浸出程序(TCLP)的单个试验方案[6];方法研究中引入了废物管理浸出特性和废物类型等因素;研究了浸出剂体积与固体废物表面积的比和浸出剂组成对浸出的影响;开展了均一废物和粒状废物、固定废物和固化废物,以及放射性废物的浸出试验。美国材料和实验协会、国际原子能机构、美国军方、美国国家标准化组织和国际标准化组织颁布并实施了多项废物浸出试验标准规程。尽管许多浸出方法的具体试验条件和要求各有不同,但其基本原则都是一致的。

国际上对废物浸出试验方法的分类也有较多的讨论,早期提出的分类方法基于浸出剂是否需要更换,将浸出实验分为萃取实验(浸出剂不更换)和动力学实验(浸出剂更换)。萃取实验是在特定的时期内使特定的材料与特定的浸出剂接触的所有浸出试验方法。动力学实验需要通过持续或者间歇性更换浸出剂来开展浸出试验。提出了废物浸出试验方法的分类考虑:①平衡或者半平衡浸出试验;②动力学浸出试验;③关注于废物特定组分的鉴定试验。

目前对废物浸出试验方法按照两种方式进行分类:一是按照特定的浸出条件进行分类;二是按照浸出试验的应用目的进行分类。

5.3.1 按特定浸出条件进行分类

按照特定浸出条件对浸出试验方法进行分类,是根据试验过程中是否建立了平衡或达到稳态,将浸出试验分为平衡试验(静态浸出试验)和动态试验(动态浸出试验)两大类[7]。

1. 平衡试验

(1)平衡浸出试验的概念

平衡浸出试验是在一固定体积的浸出剂中进行浸出。在特定的浸出周期内,一定量的浸出剂与对应特定量的废物充分接触,不用更换或添加浸出剂。按照规定的时间取出浸出液进行分析,一般是在浸出试验完成时,假设这时的浸出体系达到了一个稳定状态。

(2)平衡浸出试验方法分类

平衡浸出试验方法包括静态搅拌浸出、静态不搅拌浸出、连续化学搅拌浸出和浓缩累积浸出。

①静态搅拌浸出法

静态搅拌浸出试验中,废物与浸出剂混合后进行搅拌,这样能使浸出体系尽可能快地达到稳定状态。搅拌过程可以不断减小废物的颗粒大小,增加废物与浸出剂的有效接触表面积,进而减少了达到稳定状态所需要的浸出时间。通过对浸出率限值的比较研究,发现搅拌浸出方法更适用于废物 - 浸出剂体系的化学特性的研究。这样,该试验方法可能会过高估计短时间内被浸出组分的释放率。TCLP[8]、毒性试验萃取程序(EP Tox)、California's WET[9]和综合沉淀浸出程序(SPLP)[10]都属于静态搅拌浸出。

②静态不搅拌浸出法

静态不搅拌浸出试验中,废物与浸出剂混合后不进行搅拌。与静态搅拌浸出方法不同的是,不搅拌浸出更适合于浸出率限值的研究,而不是废物 - 浸出剂体系的化学特性研究。该试验方法的建立有一个假设基础,就是废物体中浸出物质的多少受废物体本身完整性的影响。静态不搅拌浸出比搅拌浸出达到稳定状态需要的时间长。加拿大的一般浸出方法和高温静态浸出方法都属于不搅拌浸出。

③连续化学搅拌浸出法

连续化学浸出实际上属于一种搅拌浸出方法,试验过程中需要不断地搅拌,搅拌的同时加入带有侵蚀性的浸出剂。这种试验方法的建立可通过两条不同的途径来实现:

a. 建立多重试验,每个试验中使用的浸出剂不同——假定每种浸出剂能够浸出比自己侵蚀性差的浸出剂所能浸出的组成,再加上其他污染物的浸出量;

b. 在每种浸出剂中连续加入同样量的废物——假定每种浸出剂会将前一个浸出剂浸不出的组成浸出。

上述两种途径都假设了增加浸出剂的化学侵蚀会导致浸出组分的增加。美国核材料和试验协会(ASTM)开发的废物体连续浸出方法,就是一个连续化学浸出的例子,试验中使用酸性物质作为浸出剂。

④浓缩累积浸出法

浓缩累积试验要求满足较低的液固比,废物体的某一部位能与同一浸出液不断地接触。在这种试验模式中,一定量的浸出剂流过废物体,浸出物的浓度在浸出液中不断累积。

这种试验方法是模拟废物中气孔水组成的一种很好的方法。Wisconsin 标准浸出试验(程序C)就属于浓缩累积浸出法。

(3)平衡浸出试验的具体流程

①一组试验条件下(如浸出剂 pH 值,液固比,接触时间)的单批次萃取(1 个样品,1 个浸出液);

②一系列条件下的并行批次萃取(n 个样品,n 个浸出液);

③或在恒定或递进的释放条件下的顺序批次萃取(1 个样品,n 个浸出液);

④使用成倍的固体样品来增加单个浸出剂的浓度(n 个样品,1 个浸出液),该方法较少使用。详细流程如图 5-1 所示。

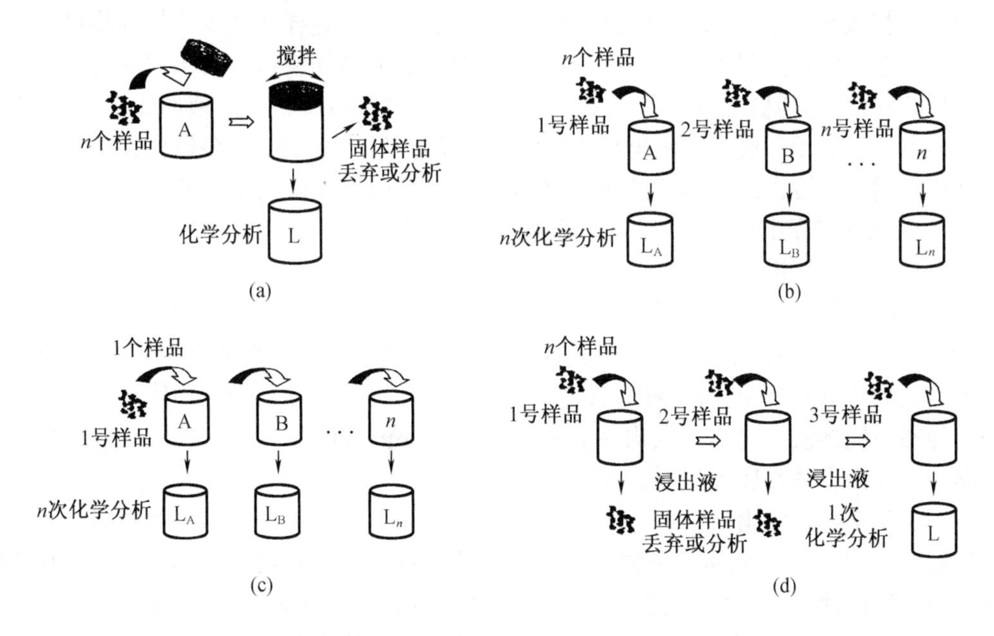

图 5-1　平衡浸出四种不同试验流程示意图

(a)单批次萃取;(b)并行批次萃取;(c)顺序批次萃取;(d)成倍批次萃取

2. 动态试验

在动态浸出试验中,浸出剂被连续地或间歇式地进行更换,这样可以促进废物中污染物的浸出。一般浸出试验要求使用完整的废物,以提供核素浸出随时间函数的变化信息;而动态浸出试验能够提供污染物的浸出过程的动力学信息。通常将动态浸出分为四种类型,即:连续批式浸出法、周流浸出法、穿流浸出法和索格利特(Soxhlet)浸出法。四种试验方法的详细流程如图 5-2 所示[4]。

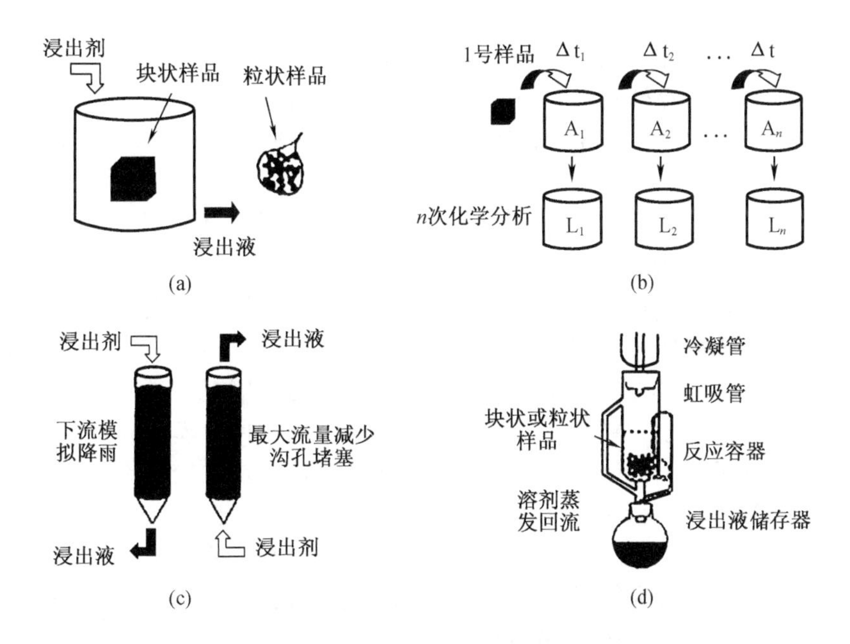

图 5－2　动态浸出四种试验流程示意图

(a)连续批次浸出法;(b)周流浸出法;(c)穿流浸出法;(d)索格利特(Soxhlet)试验法

(1)连续批式浸出法

连续批式浸出是采用部分粉碎的颗粒状试验样品与浸出剂混合,在规定的时间段内进行搅拌。搅拌结束后分离出浸出液,再补充加入新鲜的浸出剂,重复上述的搅拌浸出过程,直到完成预计的浸出周期。该浸出试验中测得的污染物浓度值可以提供有关污染物溶解的动力学信息。多重浸出试验程序(SW－846 中的 1320 号浸出方法)、荷兰的有效浸出试验和连续批式浸出试验,以及美国军方的分级连续批式浸出试验,都属于连续批式浸出[7]。

(2)周流浸出法

周流浸出中使用的是均一试验样品或非均一性的含有包容物的试验样品。试验中,样品放置到浸出容器中,样品与容器间留有空隙。加入浸出剂使其环绕流过样品。浸出剂可以进行不断更新,在更新过程中,定期采集浸出液样品进行分析;也可以间歇式地更换浸出剂。无论采用哪种浸出剂更换方式,液固比都是浸出剂体积与样品表面积之比。周流浸出的例子有 ISO6961 浸出法,ANSI 16－1 浸出法,荷兰的均一扩散试验,以及 ASTM 的满足放射性废物处置的均一废物体的静态浸出试验。

(3)穿流浸出法

与周流浸出不同的是,穿流浸出中使用的浸出剂是穿过试验样品而不是环绕的。穿流浸出试验要求试验样品是多孔性物质而不是均一密实性材料。虽然两种方法的浸出剂流入方式不同,但试验步骤却非常相似。穿流试验有一些特殊的要求,如沟流的形成,浸出剂水流的变化是由废物的水压传导率,体系中颗粒状物质的阻碍,以及微生物生长引起的。穿流试验可用于模拟特定处置条件下的废物组成的浸出行为。穿流浸出的例子有加拿大的废物界面浸出试验、NVN 7344 圆柱体浸出试验,以及美国 ASTM 的圆柱体浸出试验。

(4)索格利特浸出法

Soxhlet 浸出容器能通过浸出剂与废物的连续浸泡而将核素浸出。试验中不断更新浸出剂。该试验的目的是尽可能快地使浸出成分最大量地浸出。Soxhlet 试验的一个有利条件是它浓缩了浸出液的污染物组成,这样可以有助于减小放射性分析测量的误差。但是,该试验方法要求使用沸点相对低的溶剂作为浸出剂,对沸点等于或低于浸出剂沸点的浸出组分的浸出,该试验方法并不适用。加拿大的 Soxhlet 试验(MCC-5s)就是这种类型试验方法的一个很好的例子。

李利宇、陈式等研究并建立了一套动态浸出试验方法,用于模拟放射性废物处置环境条件下放射性核素的浸出行为[12]。经研究推出了一套浸出剂在较大流速范围内变化使用的动态浸出试验装置,如图 5-3 所示。装置 a 适用于浸出剂流速大于 100 mL/d 的浸出试验;采用装置 b,可将浸出剂的流速控制在 0.1~1 000 mL/h。采用试验装置研究了浸出剂流速对放射性核素浸出行为的影响,结果表明,随着浸出剂流速的增大,^{134}Cs 的累积浸出分数减小,^{85}Sr 无明显变化。该试验装置可用于不同处置环境(如地下水化学组成、pH 值、氧化还原电位及环境温度等),对固化体浸出行为影响的研究。

5.3.2 按应用目的进行分类

废物浸出试验的应用范围和目的广泛,包括废物分类监管,先进废物处理技术的开发,废物管理设施场址的评估,或相关基础研究(如废物浸出释放机理、处理工艺、材料科学)等。通过浸出来评价废物组成从固化体中向外释放的目的如下:

——材料“危险性”或“非危险性”的筛选;

——一个有效的 S/S 处理配方的开发;

——评价废物体是否满足处置接收准则;

——材料属性的表征;

——废物释放源项的确定;

——特定释放情景条件下,预测污染物可能的释放。

在《危险废物、放射性废物和混合废物的稳定化和固化》一书中,将不同浸出试验按照其适用目的的不同分为三类,即筛选试验(如将废物分为“危险性”或“非危险性”)、现场模拟浸出试验(如选定一个代表性的现场浸出剂)和废物特性试验[4]。

1. 筛选试验

筛选试验为快速的、低成本评估试验,用于对废物的分类,或确保废物满足所要求的接收准则。这些试验采用单批浸出流程(1 个样品,1 个浸出液)及小尺寸样品,对指定的污染

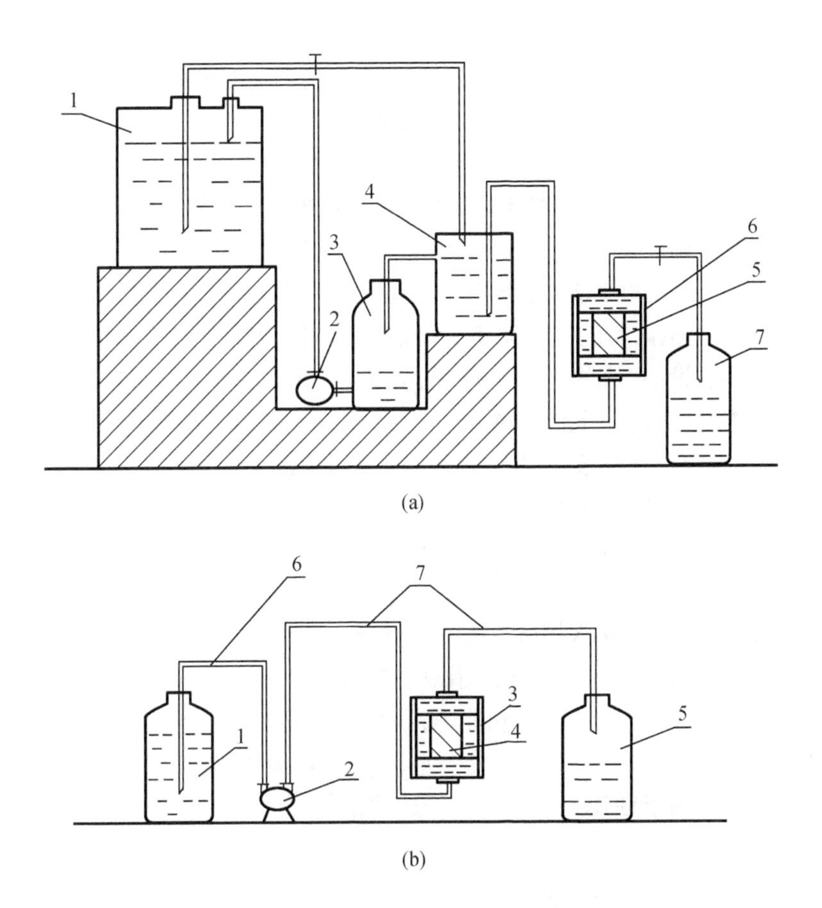

图 5－3　动态浸出试验装置示意图

(a)装置 a:1—浸出剂储槽;2—泵;3—缓冲接液槽;4—恒位槽;5—固化试验样品;6—浸出容器;7—浸出液收集瓶

(b)装置 b:1—浸出剂储槽;2—双柱塞微量泵;3—浸出容器;4—固化试验样品;5—浸出液收集瓶;6—吸液管;7—导管

物进行组成分析。通过对性能接收重要的废物组成在浸出液中浓度的比较,结果的解释为简单的合格或不合格。筛选试验的一个显著不足是很难提供废物浸出机理信息。

该试验方法的一个实例是用于颗粒废物的“震荡试验”[11]。该方法是小尺寸颗粒物质的两步连续浸出过程,以去离子水作为浸出剂。两个过程的液固比不同,前 3 h 的液固比为 2 mL/g,后 3 h 的液固比为 8 mL/g。使用该方法的浸出试验结果可与特性组成浸出行为进行比较,以检查废物产品的一致性或废物监管的符合性。根据浸出液中的废物组成浓度,可预测新鲜物料的孔隙液组成。

2. 现场模拟试验

现场模拟试验通过模拟特定的废物释放情景条件，从一个浸出试验中设计并提供一个代表性的浸出液。当废物释放景象已知或在实验室可被模拟时，模拟试验方法是有用的。然而，现场模拟浸出试验的实施可能相当复杂，包括浸出剂组成、液固比、颗粒尺寸、水接触方式等相关浸出参数可能随（现场）区域或释放情景的不同而变化。如果现场释放条件不确定或与试验条件完全不一致时，这些试验受到很大限制或是完全不相关的。根据模拟试验结果解释实际释放情景可能是一种误导，并可能在浸出组成释放预测中出现严重错误（过高和过低评估）。

TCLP[8] 是现场模拟试验的一个实例，实践中也可作为筛选试验方法。TCLP 采用的模拟试验条件是一些假设的“废物管理不善”的情景。TCLP 获得的浸出液浓度与颁布的有害物允许限值清单进行比较，如果浸出液中任何组成的浓度超过接收值，固体废物被认为是有害的。TCLP 不能用于碱性废物体性能的评估。文献指出，该方法不是作为废物安全监管目的而是作为废物分类依据颁布的。TCLP 可用于研究制定废物接收准则、预测废物长期释放行为和评估废物处理效果。TCLP 试验流程如图 5 – 4 所示。

3. 特性试验

许多浸出试验方法用以深入探讨废物的本质浸出特性，这些特性可用于浸出过程的表征。例如 pH 值静态平衡试验，该方法属于平衡试验方法，是小尺寸样品在不同酸性溶液中的耐浸出试验。该试验用于测定物料的酸中和能力，和废物组成在不同 pH 值溶液中的溶解度。该试验方法仅能提供有限的废物体长期性能参数，无法提供废物释放的动力学数据。

特性试验结果可用于创建一个独立于释放情景的固体废物浸出模型，至少由如下废物特性组成：

①环境条件下可浸出的废物组成；

②S/S 物质的酸中和能力；

③废物组成的溶解度和释放是随 pH 值及液固比的变化而变化的；

④通过质量传递过程向外释放的废物组成扩散系数。

根据上述参数开发一个基本的浸出模型要求，在一定的试验条件下，既要开展平衡试验也要开展动态试验。这样的话，该试验方法是相当复杂的。材料表征是一种耗时和成本高的试验。当特性试验用于不同释放情景的浸出行为研究，或特定场址的比较时，可明显节约成本。

5.3.3 放射性浸出试验方法

世界上许多组织和国家针对放射性废物的抗浸出性开展了大量研究，形成了多种浸出试验方法。其中，适用于低中水平放射性废物水泥固化体抗浸出性能表征的试验方法有四种，即 IAEA 建议的相互比较法[13]、《放射性固化体长期浸出试验》（ISO 6961—1982（E））[14]、《低中水平放射性废物固化体标准浸出试验方法》（GB/T 7023—2011）和美国国家标准及规范程序。几种不同浸出方法的试验条件和结果表征参数如表 5－1 所示[15]。

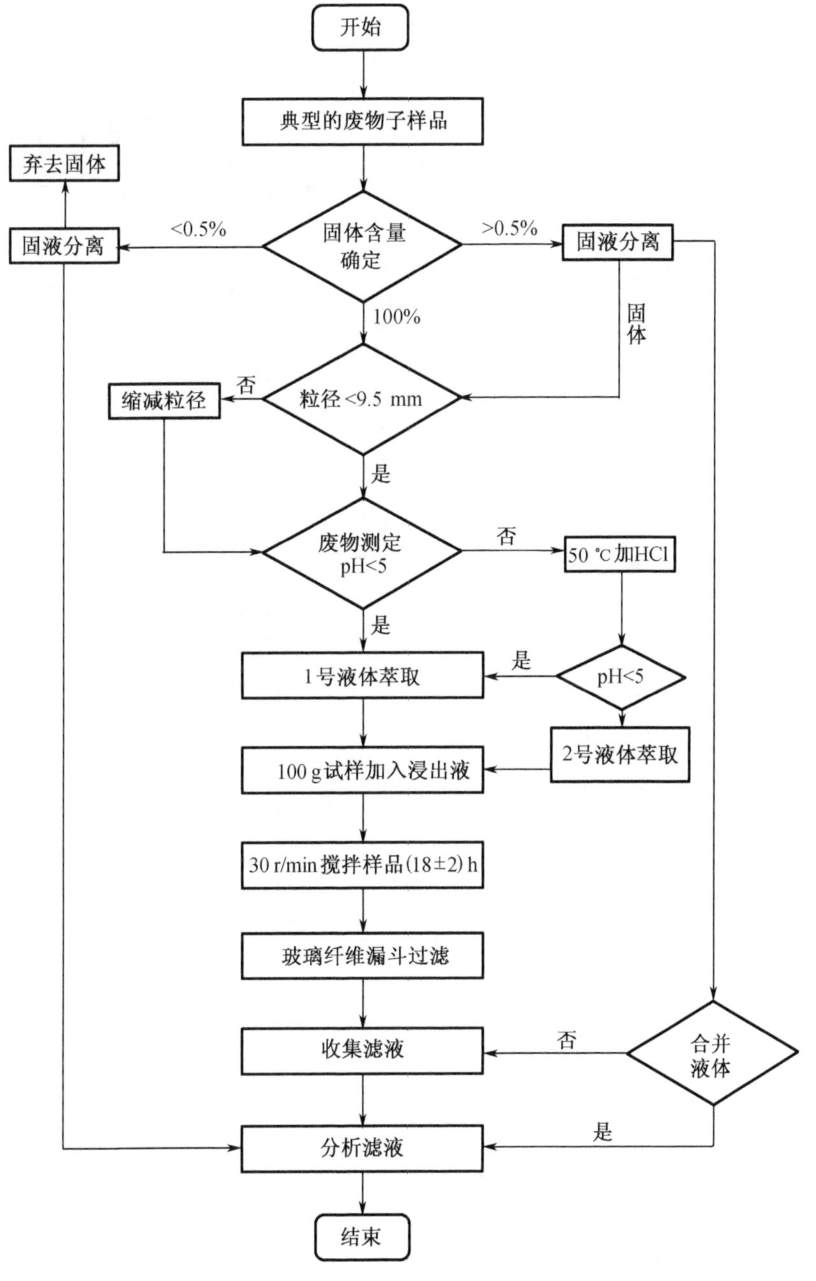

图 5－4　TCLP 试验流程图

表 5-1 几种主要放射性固体废物浸出试验标准方法

方法名称	ANSI/ANS-16.1—2003	IAEA 相互比较法	ISO 6961—1982(E)	GB 7023—1986	GBT 7023—2011
适用范围	低放废物固化体	低中放和高放废物固化体	低中放和高放废物固化体	低中放废物固化体	
				标准浸出方法	短期浸出方法
取样时间	2 h,7 h,24 h,2 d,3 d,4 d,5 d	一周内每天 1 次,半年为每月 1 次,随后每年 2 次	1 d,3 d,7 d,10 d,14 d,21 d 和 28 d	1 d,3 d,7 d,10 d,14 d,21 d,28 d,35 d 和 42 d,之后,每隔 30 d 更换 1 次	2 h,7 h,24 h,2 d,3 d,4 d,5 d;之后可再增加三个浸出周期,分别为 19 d,47 d,90 d
试验样品	圆柱体,推荐的最小直径为 1 cm;固化体长径比为 0.2~5	圆柱体,尺寸严格规定(高放固化体至少 2.5 cm 高,直径 2.5 cm),除某个端面外,其他表面均用密封材料使其与浸出剂隔离	圆柱体,样品几何表面积为 10 ~ 5 000 cm^2 长径比≈1;	●水泥固化体:圆柱体,样品几何表面积 10 ~ 5 000 cm^2,长径比≈1; ●沥青固化体:圆柱体,样品几何表面积 2 ~ 1 000 cm^2,长径比=1; ●塑料固化体:圆柱体,样品几何表面积 10 ~ 5 000 cm^2,长径比≈1; ●玻璃固化体:立方体或圆柱体,样品几何表面积 1 ~5 000 cm^2,长径比≈1	●水泥固化体:圆柱体,样品几何表面积 10 ~ 5 000 cm^2,长径比≈1; ●沥青固化体:圆柱体,样品几何表面积 2 ~ 1 000 cm^2,长径比=1; ●塑料固化体:圆柱体,样品几何表面积 10 ~ 5 000 cm^2,长径比≈1; ●玻璃固化体:立方体或圆柱体,样品几何表面积 1 ~5 000 cm^2,长径比≈1

表 5-1(续 1)

方法名称	ANSI/ANS-16.1—2003	IAEA 相互比较法	ISO 6961—1982(E)	GB 7023—1986	GBT 7023—2011
适用范围	低放废物固化体	低中放和高放废物固化体	低中放和高放废物固化体	低中放废物固化体	
				标准浸出方法	短期浸出方法
浸出剂	去离子水:25 ℃下的电导率小于500 μS/m,总有机碳(TOC)小于 3×10^{-6}	去离子水	• 去离子水,25 ℃下的电导率小于 150 μS/m • 合成海水 • 典型的处置地下水	• 去离子水,25 ℃下电导率小于 150 μS/m; • 处置场区域地下水或模拟地下水	• 去离子水,25℃下电导率小于 150 μS/m;总有机碳小于 3×10^{-6}; • 处置场区域地下水或模拟地下水
浸出剂用量	浸出剂体积/样品几何面积为(10 ± 0.2) cm	浸出剂体积/样品几何面积≤10 cm	浸出剂体积/样品几何面积为 10~20 cm	浸出剂体积/样品几何面积为 10~15 cm	浸出剂体积/样品几何面积为(10 ± 0.2)cm
浸出容器	满足无反应、密封性和尺寸要求。密封性要求:24 h 内浸出剂因蒸发而损失的量不超过初始体积的 2%	惰性材料	• 无反应,耐辐照,器壁吸附少; • 浸出剂因蒸发而损失的量不超过初始体积的 10%	密封性好,无反应,器壁吸附少	密封性好,无反应,器壁吸附少

表 5-1(续 2)

方法名称	ANSI/ANS-16.1—2003	IAEA 相互比较法	ISO 6961—1982(E)	GB 7023—1986	GBT 7023—2011
适用范围	低放废物固化体	低中放和高放废物固化体	低中放和高放废物固化体	低中放废物固化体	
				标准浸出方法	短期浸出方法
浸出温度	17.5~27.5 ℃	25 ℃	40 ℃ 70 ℃ 90 ℃	25 ℃ ±2 ℃(1 年) 40 ℃ ±2 ℃(6 个月)	22.5 ℃ ±2 ℃(90 d)
结果表示	扩散系数与浸出因子 $D = \pi\left[\frac{a_n/A_0}{(\Delta t)_n}\right]^2\left[\frac{V}{S}\right]^2 T$ $L = \frac{1}{7}\sum_1^7\left[\lg\left(\frac{\beta}{D}\right)\right]_n$ S 样品表面积; $T = \left[\frac{1}{2}\left(\left(\sum(\Delta t)_n\right)^{\frac{1}{2}} + \left(\sum(\Delta t)_{n-1}\right)^{\frac{1}{2}}\right)\right]^2 \beta = 1$ 浸出因子无量纲	(1) 累积浸出分数 $\frac{\sum a_n/A_0}{F/V}$ 对 $\sum t_n$ 或 $\frac{\sum a_n}{A_0}$ 对 $\sum t_n^{1/2}$ 作图 (2) 浸出率 R_n 与 t 的关系 $R_n = \frac{a_n/A_0}{(F/V)t_n}$ $F/V = \frac{样品表面积}{体积}$ 浸出率单位为 cm/d	浸出率 R_n 同浸出时间 t 的关系 $R_n = \frac{a_n}{A_0 \times F \times t_n}$ R_n,浸出率,kg/(m^2·s)	浸出率 R_n 及累积浸出分数 P_t 与浸出时间 t 的关系 $R_n = \frac{a_n/A_0}{(F/V)t_n}$ $P_t = \frac{\sum a_n/A_0}{F/V}$ 浸出率单位为 cm/d,累积浸出分数单位为 cm	浸出率 R_n 及累积浸出分数 P_t 与浸出时间 t 的关系 $R_n = \frac{a_n/A_0}{(F/V)t_n}$ $P_t = \frac{\sum a_n/A_0}{F/V}$ 浸出率单位为 cm/d,累积浸出分数单位为 cm

1. IAEA 推荐方法

1969 年 8 月，IAEA 召集了这一领域有经验的研究人员，讨论推荐放射性废物浸出试验的标准方法。1971 年发表了这次会议的结论，并作为一种浸出试验方法推荐使用，该方法称为 IAEA 相互比较法。方法要求详细记录样品和浸出容器的结构材料、容器的尺寸和形状；要求记录浸出剂体积与样品的曝露表面积之比；要求说明样品制备的方法。此外，指定了浸出剂更换次数，以及浸出液取样和分析方法。

相互比较方法中，浸出试验结果用样品中放射性核素的累积浸出分数与总浸出时间的函数关系曲线来表示，即

$$\left(\frac{\sum a_n}{A_0}\right)\Big/\left(\frac{F}{V}\right) \sim \sum t_n \quad \text{或} \quad \frac{\sum a_n}{A_0} \sim \sum t_n \tag{5-1}$$

也可用浸出率 R_n 与浸出时间 t 的函数曲线表示，即

$$R_n = \frac{a_n/A_0}{(F/V)t_n} \tag{5-2}$$

式中　R_n——浸出率，cm/d；

a_n——第 n 个浸出周期中浸出的放射性核素的活度（Bq）或质量（g）；

A_0——样品中放射性核素的初始活度（Bq）或质量（g）；

F——样品的暴露表面积，cm^2；

V——样品的体积，cm^3；

t_n——第 n 浸出周期的持续天数，d；

t——累积浸出天数 $t = \sum t_n$，d。

该方法规定，浸出温度为 25 ℃ ±5 ℃，浸出剂为去离子水，固液比小于 0.1。IAEA 推荐方法为动态浸出法，浸出溶液的更换周期是一周内每天 1 次，半年为每月 1 次，随后每年 2 次，直至达到浸出平衡。浸出试验结果用样品中放射性核素的累积浸出分数表示。

2. 国际标准化组织发布的国际标准

1982 年，国际标准化组织发布了国际标准《放射性固化体长期浸出试验》（ISO 6961—1982（E））。该标准对浸出试验样品、材料、设备、浸出试验程序、样品测定以及试验报告均作出了详细规定。

该标准规定，浸出试验结果以浸出率 R_n 与浸出时间 t 的关系表示，即

$$R_n = \frac{a_n}{A_0 \times F \times t_n} \tag{5-3}$$

式中　a_n——第 n 个浸出周期中某核素浸出的放射性（Bq）或质量（kg）；

A_0——样品中某核素原有的放射性比活度（Bq/kg）或质量分数。

当以质量表示时，浸出率 R_n 的单位为 $kg/(m^2 \cdot s)$。

该标准规定浸出温度可为 40 ℃,70 ℃,100 ℃ ±1 ℃,浸出剂为去离子水,固液比为 0.1 ~0.2。浸出溶液的更换周期是第 1 天、第 3 天、第 7 天、第 10 天、第 14 天、第 21 天和第 28 天。浸出试验结果用放射性核素的浸出率表示。

3. 国家标准

中国在 1986 年发布了国家标准《放射性废物固化体长期浸出试验》(GB 7023—1986)。该标准的编制,参照了 ISO 6961—1982(E),但在浸出率 R_n 的表示方法上又不同于 ISO 6961—1982(E)国际标准,而与 IAEA 建议的表示方法相同。GB 7023—1986 规定,浸出试验结果以浸出率 R_n 及累积浸出分数 P_t 与浸出时间 t 的关系表示,即

$$R_n = \frac{a_n/A_0}{(F/V)t_n} \tag{5-4}$$

$$P_t = \frac{\sum a_n/A_0}{F/V} \tag{5-5}$$

GB 7023—1986 规定低中水平放射性废物的浸出温度为 25 ℃,浸出剂为去离子水、模拟海水或典型的处置场地下水,固液比为 0.1 ~0.2。浸出溶液的更换周期是第 1 天、第 3 天、第 7 天、第 10 天、第 14 天、第 21 天、第 28 天、第 35 天和第 42 天,随后每月 1 次,浸出试验至少进行一年,浸出率基本不变为止。浸出试验结果以浸出率及累积浸出分数与浸出时间的关系表示。《低、中水平放射性废物固化体性能要求 水泥固化体》(GB 14569.1—2011)规定了放射性核素第 42 天的浸出率限值。

在对废物产生单位产生的放射性废物水泥固化体性能检测过程中发现,GB 14569.1—1993 规定,可以在 3 ~4 个月内完成标准要求的抗压强度、抗冲击性、抗冻融性和抗浸泡性的检测试验。但是 1 年的抗浸出试验使整个性能检测任务延长到 13 ~14 个月。

根据不同固化体的浸出试验分析结果,浸出试验初期阶段的累积浸出分数在整个浸出周期内占相当大的份额,当 $\frac{a_n}{(\sum a_n)t_n} = 0.01\ \mathrm{d}^{-1}$ 时,累积浸出分数对浸出时间的变化曲线已趋于恒定,且达到此点所需的时间一般不会太长[17]。因此,在 GB 7023—1986 修订过程中,对原标准规定的放射性废物固化体抗浸出性能检验方法进行补充修订的同时,参照美国国家标准 ANSI/ANS-16.1—2003,补充推荐了对短期浸出方法的规定,以实现对废物体中放射性核素释放量的快速估算,并对废物体抗浸出性进行快速评估。这些修订对固化工艺配方筛选和确定尤为重要[18]。

4. 美国国家标准和规范程序

美国在废物体抗浸出性能研究方面开展了大量工作。浸出方法的研究不仅仅只局限于单个的试验方案,在方法的研究中引入了废物管理浸出特性和废物类型的因素,研究了浸出剂与固体废物之间的比例和浸出剂的组成对浸出的影响;开展了均一废物和粒状废

物、固定废物和固化废物,以及放射性废物的浸出试验。美国材料表征中心(MCC)、美国材料和试验协会(ASTM)、美国核学会(ANS)以及美国环保局(US EPA)等组织和机构已经颁布了多项标准的废物浸出试验方法。

(1)ANSI/ANS - 16.1—2003 简介

1986 年,美国核学会(ANS)公布了美国国家标准《低水平放射性废物固化体抗浸出性能测定的短期浸出试验程序》(新版本为 ANSI/ANS - 16.1—2003)[19]。ANSI/ANS - 16.1—2003 对样品制备、样品和浸出容器的结构材料、容器的尺寸和形状、浸出剂体积与样品的曝露表面积之比、取样和更换浸出液的次数,以及分析方法、记录要求均有详细规定。该标准规定浸出温度为 25 ℃,浸出剂为去离子水,液固比为 10 ± 0.2。浸出溶液的更换周期是第 2 小时、第 7 小时、第 24 小时、第 2 天、第 3 天、第 4 天、第 5 天、第 14 天、第 28 天和第 43 天。浸出试验结果用样品中放射性核素的扩散系数和浸出因子表示。

该标准对浸出试验数据的计算处理作了明确规定。在核素累积浸出百分数小于 20% 时,均匀、形状规则的固化体的浸出行为接近于一半无限介质的浸出行为,标准规定 20% 是一个足够精确的近似值。此时,可通过质量迁移方程计算有效扩散系数 D 和浸出因子 L,即

$$D = \pi\left[\frac{a_n/A_0}{(\Delta t)_n}\right]^2 \cdot \left[\frac{V}{S}\right]^2 T \tag{5-6}$$

式中　$(\Delta t)_n$——第 n 次浸出周期的持续时间,$(\Delta t)_n = t_n$,s;

T——平均浸出时间,s,且有

$$T = \left\{\frac{1}{2}\left[\left(\sum(\Delta t)_n\right)^{1/2} + \left(\sum(\Delta t)_{n-1}\right)^{1/2}\right]\right\}^2$$

$$L = \frac{1}{7}\sum_1^7\left[\lg\left(\frac{\beta}{D}\right)\right]_n$$

式中,β 为常数,其值为 1.0 cm^2/s。

当核素累积浸出百分数 F($F = \frac{\sum a_n}{A_0}$)大于 20% 时,根据 F 值,查表获得相应的 G 值,进而再由下式计算扩散系数,即

$$D = \frac{Gd^2}{t} \tag{5-7}$$

式中　G——与累积浸出分数和圆柱体长径比相关的时间因子(无量纲);

t——累积的浸出时间,s;

d——圆柱形固化体样品直径,cm。

(2)美国材料检验中心(MCC)

太平洋西北实验室的美国材料检验中心(MCC)成立于 1980 年,由美国能源部(DOE)组织建立,其目的是对废物包装材料进行检验,确保其满足 DOE 的核废物管理大纲。同时,

MCC 负责发布一些关键的试验方法[20]。关于固体废物的抗浸出性或抗浸泡性，MCC 建立了一套试验方法，称为 MCC 法[21,22]。

①MCC－1 法

MCC－1 法是一种低温静态浸出试验法。试验温度有 40 ℃，70 ℃和 90 ℃。浸出剂常用去离子水，样品表面积与液体体积之比 $S/V_L=(0.1\pm0.005)\ cm^{-1}$。试验容器为聚四氟乙烯材质。试验过程中，不更换浸出液。试验持续时间可为 3 d，14 d 和 28 d。

②MCC－2 法

MCC－2 法是一种高温静态浸出试验法。试验温度为 110 ℃，150 ℃和 190 ℃。浸出剂使用去离子水，$S/V_L=(0.1\pm0.005)\ cm^{-1}$。试验用不锈钢外容器，聚四氟乙烯内容器。浸出溶液的更换周期是第 3 天，7 天，14 天，28 天，56 天，91 天，182 天，364 天。试验持续时间可为 28 d，91 d 和 364 d。

③MCC－4 法

MCC－4 法是一种低流速动态浸出试验法。试验温度为 40 ℃，70 ℃和 90 ℃。浸出剂使用去离子水、模拟地下水或盐卤水，$S/V_L=(0.1\pm0.005)\ cm^{-1}$。试验用聚四氟乙烯内容器。试验中浸出剂的流速可为 0.1 mL/min，0.01 mL/min，0.001 mL/min。试验持续时间为 28 d 或更长。

④MCC－5 法

MCC－5 法是一种高流速动态浸出试验法，又称 Soxhlet 法。试验中浸出剂高流速流过样品。试验温度约为 100 ℃，95 ℃和 90℃等。浸出剂使用蒸馏水。试验持续时间可为 3 d，14 d 和 28 d。

(3)美国材料和试验协会(ASTM)

①ASTM C 1285—02

2002 年美国材料和试验协会发布了 ASTM C 1285—02《测定混合废物玻璃和玻璃陶瓷的化学稳定性和危险性，即产品一致性的标准试验方法》[23]。

ASTM C 1285—02 的试验步骤为：样品经破碎筛选后，清洗除去样品表面的细小颗粒。取不少于 1 g 并经清洗的样品放在 304 L 不锈钢容器中，加入浸出剂，液固比为 10 mL/g，密封容器。容器置于恒温装置中，温度控制在 90 ℃ ±2 ℃。在 7 d ±3.4 h 后，将容器移出，冷却至室温。取部分浸出液测定 pH 值(记录测定温度)，剩余浸出液过滤后进行化学分析。

②ASTM C 1220—98(2004)

1998 年美国材料和试验协会发布了 ASTM C 1220—98《放射性废物处置用整体废物形式静态浸出试验方法》，2004 对该标准进行了修订[24]。该试验方法可用于具有相对化学兼容性的放射性废物和模拟废物，废物体为表面积与体积比(S/V)小的整体废物形式，如玻璃、陶瓷、金属陶瓷等。试验温度小于 100 ℃。

③ASTM D3987—85(2004)

1985年美国材料和试验协会发布了ASTM D3987—85《固化废物水震动萃取标准试验方法》,2004对该标准进行了修订[25]。

ASTM D3987—85(2004)萃取试验方法中使用的萃取剂为去离子水。该方法的试验步骤是,将70 g限定规格的废物样品(小于10 mm)与萃取剂在30 r/min的转速下搅拌18 h ± 2 h,液固比为20:1。该试验方法仅适用于无机物浸出性能的测定而不适用于有机物质。

5. 欧洲国家的规范性试验方法

德国的DIN 38414 S4系列标准浸出方法已经作为规范性试验方法被普遍使用,该方法常用于水、废水、沉淀物以及矿泥的浸出性能检测。具体步骤为:将100 g废物样品与浸出剂(去离子水)混合,旋转搅拌24 h,试验中的液固比为10:1[26]。

法国采用了AFNOR X 31 - 210系列的规范性试验方法,适用于颗粒状固体采矿废物的浸出性能检测[27]。该系列方法与德国的DIN 38414 S4系列方法非常相似,只是使用更小粒径的试样(小于4 mm)。

荷兰使用的是NEN7341规范性标准浸出试验方法,用于评估废物的最大浸出性能。具体步骤为:将废物加工成满足粒径要求(<125 mm)的颗粒状物质,依次用pH = 7和pH = 4的浸出剂(使用硝酸或氢氧化钠调节)进行浸出,浸出过程需要连续搅拌3 h。整个试验过程保持pH值不变,分析每一浸出液的化学组成。NEN7349是荷兰的另一规范性浸出试验方法,用于颗粒状废物的检验。该方法是一种系列性试验方法,包括五个连续性萃取试验过程,试验中使用去离子水作为浸出剂。先用pH = 4的浸出剂萃取23 h(用硝酸调节pH值),液固比为20:1,随后用新鲜的浸出剂依次萃取4次。

5.4 短期浸出试验方法研究

为了对废物体中放射性核素释放量进行快速估算和对废物体抗浸出性的快速评估,我国在参照ANSI/ANS - 16.1—2003的基础上开展了长期浸出与短期浸出试验方法比对研究,同时也研究了浸出液更换周期和不同表征参数对试验结果的影响。

5.4.1 浸出液更换周期对试验结果的影响

GB 7023—1986与ANSI/ANS - 16.1—2003规定的两种试验方法的不同之处在于浸出液的更换周期不同。图5 - 5为两种试验方法规定的更换周期示意图。从图5 - 5中可以看出,短期浸出中浸出剂的平均更换频率比长期浸出的快7倍(短期浸出的平均更换频率为1.4,长期浸出的平均更换频率为0.2),整个试验周期缩短了88.1%(短期为5 d,长期为42 d),浸出液的产生量减少了22.2%(短期试验浸出液的产生量为7 L,长期试验浸出液的产生量为9 L)。

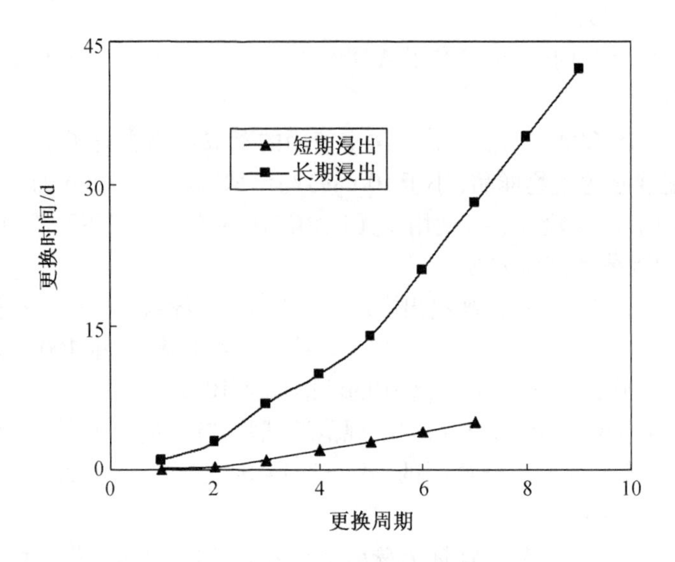

图 5-5　两种试验方法的浸出液更换周期示意图

为了进一步验证两种试验方法对废物体抗浸出行为表征结果的相关性,采用放射性样品分别开展了长期浸出和短期浸出的比对试验。图 5-6 给出了两种试验结果的比对结果。由图 5-6 可以看出,对 C 系列样品,样品中^{60}Co 短期浸出试验(5 d)和长期浸出试验(42 d)的浸

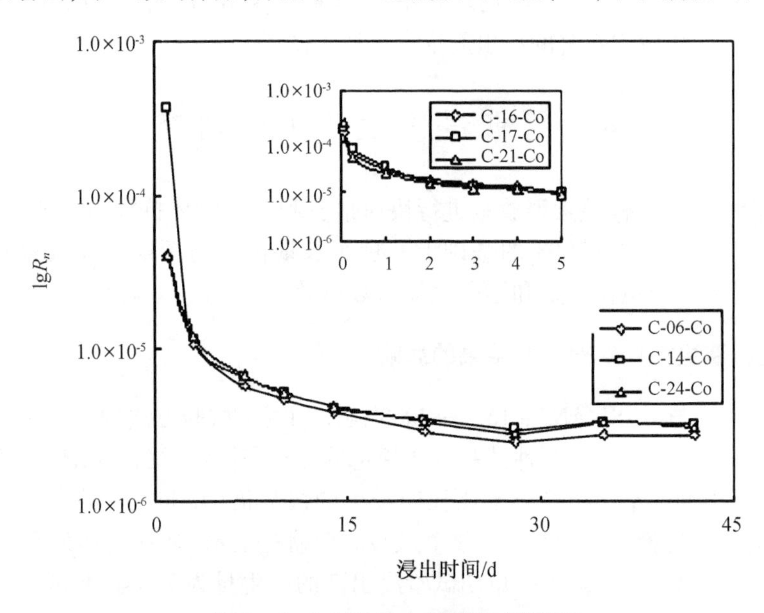

图 5-6　5 d 和 42 d 的浸出试验结果

出趋势是相同的,初期的浸出速度快,均在约 20% 浸出周期时间处,浸出率有一个明显的降低后,浸出率的变化趋势变缓。相比较,42 d 的浸出率要高于 5 d 的浸出率,C 系列样品第 5 天的平均浸出率降低为 9.34×10^{-6} cm/d,第 42 天的平均浸出率值降低为 3.00×10^{-6} cm/d。

表 5－2 给出了采用两种不同浸出试验方法,D 系列样品中 ^{60}Co 的浸出结果。由表 5－2 可以看出,D 系列样品 5 d 的平均累积浸出份额为 5.00×10^{-5},42 d 的平均累积浸出份额为 6.00×10^{-5},42 d 的浸出水平为 5 d 浸出水平的 1.2 倍。

作为对浸出试验的延伸,分别将两种试验延伸至 90 d 和一年。图 5－7、图 5－8 给出了 C 系列样品浸出延伸试验的结果。由图 5－7、图 5－8 可以看出,随着浸出时间的增加,浸出率继续保持一定的减小趋势;之后,在一个较长的时间内,浸出行为趋近平衡或保持在一定的范围内。图 5－7 和图 5－8 比较可以看出,两种试验方法的延伸试验结果的变化趋势相近,同时可以明显看出,短期浸出的第 90 天的浸出率与长期浸出的第 42 天的浸出率基本相近。

表 5－2　D 系列样品中 ^{60}Co 的浸出结果

试验类型	浸出时间/d	a_nA_0			三个样品 $\sum a_nA_0$ 的均值
		D－30	D－31	D－33	
5 d	1/12	5.27×10^{-5}	4.16×10^{-5}	6.21×10^{-6}	5.00×10^{-5}
	7/24	3.49×10^{-6}	4.97×10^{-6}	2.73×10^{-6}	
	1	3.12×10^{-6}	5.13×10^{-6}	4.09×10^{-6}	
	2	2.67×10^{-6}	4.44×10^{-6}	2.42×10^{-6}	
	3	1.93×10^{-6}	2.98×10^{-6}	1.82×10^{-6}	
	4	2.75×10^{06}	2.30×10^{-6}	1.21×10^{-6}	
	5	3.71×10^{-7}	2.98×10^{-6}	1.44×10^{-6}	
42 d		D－01	D－02	D－10	6.00×10^{-5}
	1	6.92×10^{-5}	1.11×10^{-5}	3.66×10^{-5}	
	3	6.44×10^{-6}	3.36×10^{-6}	6.88×10^{-6}	
	7	7.63×10^{-6}	2.92×10^{-6}	4.68×10^{-6}	
	10	3.52×10^{-6}	2.99×10^{-6}	2.34×10^{-6}	
	14	4.34×10^{-6}	1.53×10^{-6}	3.00×10^{-6}	
	21	3.74×10^{-6}	1.90×10^{-6}	2.71×10^{-6}	
	28	1.72×10^{-6}	1.17×10^{-6}	2.93×10^{-6}	
	35	2.25×10^{-6}	1.90×10^{-6}	3.66×10^{-6}	
	42	2.54×10^{-6}	1.39×10^{-6}	2.12×10^{-6}	

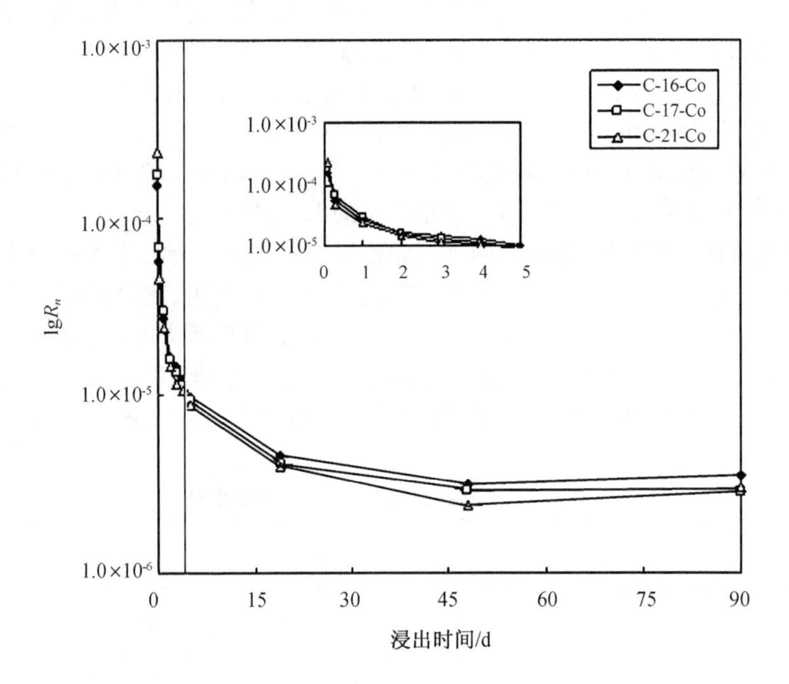

图5-7　C系列样品短期浸出试验结果

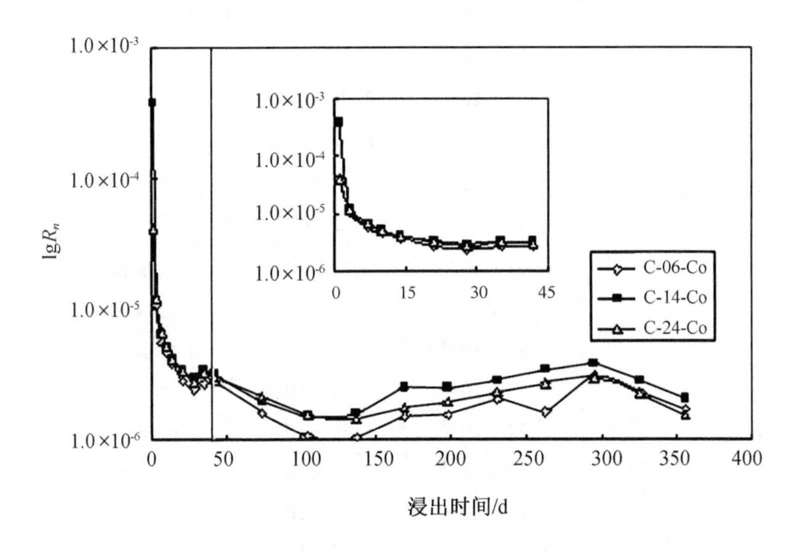

图5-8　C系列样品长期浸出试验结果

5.4.2　不同表征参数对试验结果的表述

ANSI/ANS－16.1—2003 规定试验结果可用有效扩散系数或浸出指数表示。浸出指数的物理意义是：在给定条件下，特定浸出周期间隔内，被浸出核素的有效扩散系数倒数的对数的算术平均值。GB 7023—1986 规定用浸出率及累积浸出分数与浸出时间的关系表示。GB 14569.1—1993 规定了核素第 42 天的浸出率限值，在实际工作中，通常参照 GB 14569.1，使用核素第 42 天的浸出率来表征放射性废物固化体的抗浸出性能。

文献[28]对浸出率和浸出指数两个表征参数进行了充分的讨论，当核素累积浸出百分数小于 20% 时，浸出指数 L 与浸出率 R_n 的换算关系为

$$L = \frac{1}{7}\sum_{1}^{7}\left[\lg(\beta/(\pi R_n{}^2 T))\right]_n \tag{5-8}$$

式中　L——浸出指数，无量纲；

β——定义的常数，1.0 cm^2/s；

R_n——浸出率，cm/d；

T——浸出时间，代表浸出间隔的平均时间，s。

图 5－9 为用两种参数表示的 5 d 浸出试验结果。可以看出，浸出指数随时间的变化趋势与浸出率随时间的变化趋势相反，相反的变化趋势由式(5－8)也可以得知。

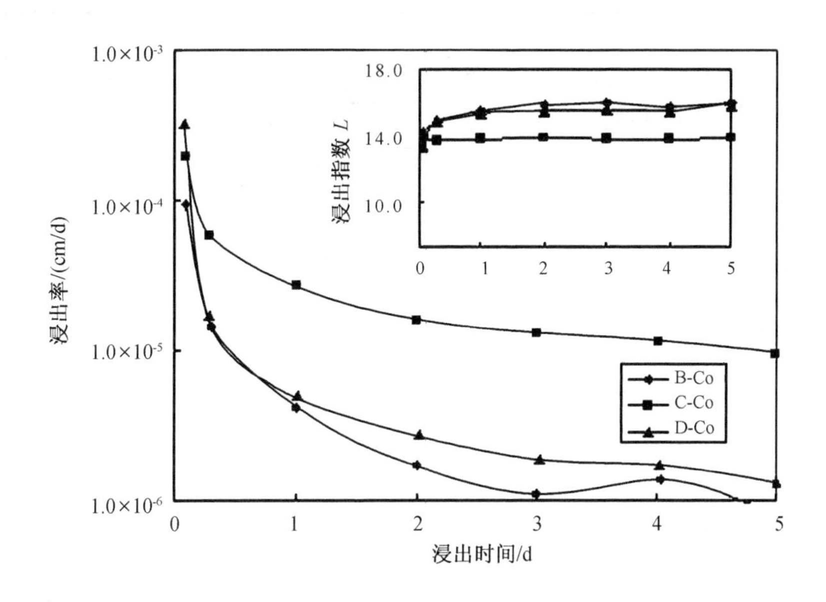

图 5－9　5 d 试验结果的两种参数表示

图 5 - 9 给出的是不同废物组成的三个系列的平均试验结果。当用浸出率作为表征参数时,其随浸出时间的曲线图显示出了明显差异,样品中^{60}Co 的浸出水平为 B 系列 > D 系列 > C 系列。当用浸出指数作为表征参数时,C 系列样品中^{60}Co 的浸出水平明显低于 B 系列和 D 系列,而 B 系列和 D 系列的浸出水平没有明显区别,5 d 浸出周期内 B 系列的平均浸出指数为 15.9,D 系列的平均浸出指数为 15.4。

图 5 - 9 同时表明,随时间的增长,浸出指数的变化不大,如 C 系列,其 5 d 浸出周期内浸出指数的变化范围为 13.6 ~ 14.1,平均浸出指数值为 13.8。这说明当用浸出指数作为固化体抗浸出性的表征参数时,浸出试验的周期可以缩短[28]。

5.4.3 两种浸出试验结果的比较

与 42 d 浸出试验相比,短期浸出将有效的试验周期缩短了 88.1%。这样就对 5 d 短期浸出试验的有效性产生了疑问,5 d 试验结果与 42 d 试验结果间是否存在相关性?缩短试验周期后的试验结果是否可以用于表述放射性核素的浸出行为?如表 5 - 3 所示,分别计算了三个系列样品的两种试验方法的浸出结果(计算结果为各系列三个平行样品的平均值),浸出结果用浸出率和浸出指数两个表征参数给出。

表 5 - 3 两种浸出试验浸出率和浸出指数比较

项目			B	C	D
平均浸出率 $\overline{R_n}$	长期浸出(42 d)	^{90}Sr	5.89×10^{-5}	2.21×10^{-5}	7.53×10^{-5}
		^{137}Cs	1.19×10^{-3}	4.80×10^{-4}	4.95×10^{-4}
		^{60}Co	9.18×10^{-8}	3.00×10^{-6}	2.43×10^{-7}
	短期浸出(5 d)	^{90}Cr			
		^{137}Cs	2.58×10^{-3}	8.55×10^{-4}	1.52×10^{-3}
		^{60}Co	8.61×10^{-7}	9.34×10^{-6}	1.34×10^{-6}
平均浸出指数 $\overline{L}$	长期浸出(42 d)	^{90}Sr	11.3	12.2	11.1
		^{137}Cs	8.7	9.5	9.5
		^{60}Co	16.9	13.9	16.1
	短期浸出(5 d)	^{90}Sr			
		^{137}Cs	9.0	9.9	9.5
		^{60}Co	15.9	13.8	15.8

从表 5 - 3 可以看出,当用浸出率来表示试验结果时,两种浸出试验方法所得各系列

的^{137}Cs和^{60}Co的第 42 天浸出率和第 5 天浸出率基本相近，且两种试验方法所得三个系列的抗浸出性顺序是一致的：^{137}Cs为 C 系列 > D 系列 > B 系列；^{60}Co为 B 系列 > D 系列 > C 系列。当用浸出指数表示试验结果时，各系列的^{137}Cs和^{60}Co的 42 d 浸出指数和 5 d 浸出指数相同或相近，两种试验方法所得三个系列的抗浸出性顺序是一致的，且与用浸出率表示的试验结果相同：^{137}Cs为 C 系列≥D 系列 > B 系列；^{60}Co为 B 系列 > D 系列 > C 系列。

按式(5-8)将核素累积浸出百分数小于 20% 时，GB 14569.1 中规定的重要核素的 R_n 限值所对应的 L 值列于表 5-4。

由表 5-4 结果可以看出，三个系列 42 d 和 5 d 的浸出结果均满足第 42 天核素浸出率对应的浸出指数限值要求。

表 5-4　与 R_n 限值相对应的 L 值

核素	R_n/(cm/d)	L
^{60}Co	$\leqslant 2 \times 10^{-3}$	≥8.3
^{90}Sr	$\leqslant 1 \times 10^{-3}$	≥8.9
^{137}Cs	$\leqslant 4 \times 10^{-3}$	≥7.7

综上所述，5 d 的浸出试验与 42 d 的浸出试验所表征的不同系列的不同放射性核素的浸出行为是一致的。给定浸出周期的浸出率或浸出指数的结果也表明，5 d 的浸出水平与 42 d 的浸出水平虽然有明显差异，但变化趋势基本相近。这些说明，参照 ANSI/ANS-16.1—2003 建立一种短期浸出试验方法是可行的。

5.4.4　结论

采用 5 d 浸出周期的短期试验方法，得出了与 42 d 长期浸出试验相似或相近的试验结果，证明了用 5 d 短期浸出试验结果表征放射性废物固化体抗浸出性能是可行的。

参照短期试验方法，引入了浸出指数作为抗浸出性的表征参数之一。浸出指数是指在给定条件下，在特定浸出周期间隔内，被浸出核素的有效扩散系数倒数的对数值的算术平均值。浸出率是对某一时间点浸出行为的表征，而浸出指数是对某一时间段内平均浸出行为的表征。相比较而言，浸出指数能够更全面地判定废物体的抗浸出行为。

与 42 d 浸出试验相比，5 d 短期浸出将整个浸出试验的周期有效地缩短了 88.1%，为放射性废物固化配方研究，固化体中放射性核素释放量的初步估算等提供了一种高效的试验方法。而试验周期的缩短可减少工作人员的受照时间和累积受照剂量，体现了辐射防护最优化的原则。5 d 浸出周期所产生的浸出液的量要少 22.2%，一方面减少了放射性废物的产生量，体现了放射性废物最小化的原则；同时减少了对放射性核素的分析样品量，可有效地降低检测分析成本。

但现有的工作基础还不足以说明 5 d 浸出可以代替 42 d 浸出，如不同放射性核素在给定的浸出周期的浸出指数限值还不能界定，不同参数（浸出率、累积浸出分数、有效扩散系数和浸出指数）对同一浸出试验的不同表征结果还有待探索等。因此，本研究结果建议短期浸出试验方法可在某些情况下推广使用，如放射性废物固化配方研究，放射性核素从固化体向外释放量的初步估算等，在有效地提高研究效率的同时，以期收集更多的短期浸出试验数据，为建立一种独立的标准短期浸出试验方法做准备。

5.5 累积浸出分数研究

5.5.1 浸出表征参数

如 5.3.3 节所述，放射性废物体抗浸出试验结果可用不同的参数进行表征，包括浸出率（R_n）、累积浸出分数（P_t）、有效扩散系数（D）和浸出因子（L）等。

$$R_n = \frac{a_n/A_0}{(F/V)t_n} \quad (\mathrm{cm/d}) \tag{5-9}$$

$$P_t = \frac{\sum a_n/A_0}{F/V} \quad (\mathrm{cm}) \tag{5-10}$$

$$D = \pi\left[\frac{a_n/A_0}{(\Delta t)_n}\right]^2\left[\frac{V}{S}\right]^2 T \tag{5-11}$$

$$L = \frac{1}{7}\sum_1^7\left[\log\left(\frac{\beta}{D}\right)\right]_n \tag{5-12}$$

在核素累积浸出百分数大于 20% 时，扩散系数由下式计算得，即

$$D = \frac{Gd^2}{t} \tag{5-13}$$

5.5.2 累积浸出分数推导

根据前节所述各计算公式，当核素累积浸出百分数小于 20% 时，浸出因子 L 与浸出率 R_n 有如下关系，即

$$L = \frac{1}{7}\sum_1^7\left[\lg(\beta/(\pi R_n^{\ 2}T))\right]_n \tag{5-14}$$

根据式（5-14），将核素累积浸出百分数小于 20% 的情况下，国家标准 GB 14569.1 中规定的重要核素的 R_n 限值所对应的 L 值列于表 5-5。

表 5-5　与 R_n 限值相对应的 L 值

核素	R_n/(cm/d)	L
^{60}Co	≤2×10^{-3}	≥8.3
^{137}Cs	≤4×10^{-3}	≥7.7
^{90}Sr	≤1×10^{-3}	≥8.9
^{239}Pu	≤1×10^{-5}	≥12.9
其他 β,γ 放射性核素(不包括^{3}H)	≤4×10^{-3}	≥7.7
其他超铀核素	≤1×10^{-5}	≥12.9

采集四家单位的真实或模拟放射性废物水泥固化体样品按国标 GB 7023 规定的方法做了浸出率测定，计算各样品各个核素第 42 天浸出率、42 d 的累积浸出分数和“浸出因子”L。表 5-6 和表 5-7 给出了计算结果。

表 5-6　浸出率、累积浸出分数与浸出因子计算结果比较

样品来源	编号	参数	^{137}Cs	^{90}Sr	^{60}Co	总 γ	^{3}H	^{14}C	^{63}Ni
A单位	NF1	R_n/(cm/d)	2.1×10^{-3}	2.77×10^{-4}	1.09×10^{-5}				
		P_t/cm	0.26	1.31×10^{-2}	1.27×10^{-3}				
		L	7.7*	10.6*	12.6				
	NF2	R_n/(cm/d)	1.53×10^{-3}	8.01×10^{-4}	1.46×10^{-5}				
		P_t/cm	0.23	2.02×10^{-2}	1.56×10^{-3}				
		L	7.8*	10.3	12.6				
	NF3	R_n/(cm/d)					1.04×10^{-3}	1.10×10^{-3}	8.83×10^{-5}
		P_t/cm					1.22×10^{-1}	1.32×10^{-1}	7.51×10^{-3}
		L					8.5	8.5	10.9
	SZ1	R_n/(cm/d)	2.80×10^{-3}	2.40×10^{-4}	8.52×10^{-6}				
		P_t/cm	0.44	3.10×10^{-2}	6.32×10^{-3}				
		L	7.0*	9.4	11.7				
	SZ2	R_n/(cm/d)	9.15×10^{-3}	7.71×10^{-4}	1.85×10^{-5}				
		P_t/cm	1.16	7.74×10^{-2}	5.64×10^{-3}				
		L	6.0*	8.9	12.2				

表 5-6(续)

样品来源	编号	参数	^{137}Cs	^{90}Sr	^{60}Co	总 γ	^{3}H	^{14}C	^{63}Ni
A单位	SZ3	R_n/(cm/d)					4.14×10^{-4}	3.71×10^{-5}	1.16×10^{-7}
		P_t/cm	8.04×10^{-2}	2.90×10^{-3}	1.88×10^{-5}				
		L					8.9	11.8	16.2
	NS1	R_n/(cm/d)	2.10×10^{-3}	3.08×10^{-4}	2.26×10^{-5}				
		P_t/cm	0.44	1.14×10^{-2}	3.28×10^{-3}				
		L	7.0*	10.7	11.8				
	NS2	R_n/(cm/d)	1.31×10^{-3}	5.81×10^{-4}	1.17×10^{-5}				
		P_t/cm	0.51	1.29×10^{-2}	3.81×10^{-3}				
		L	6.7*	10.8	11.9				
B单位	T1-3	R_n/(cm/d)	3.21×10^{-4}		2.54×10^{-4}	3.08×10^{-4}			
		P_t/cm	1.10×10^{-1}		2.40×10^{-2}	1.05×10^{-1}			
		L	8.9		10.0	9.0			
	T1-4	R_n/(cm/d)	6.99×10^{-4}		3.44×10^{-4}	6.91×10^{-4}			
		P_t/cm	9.72×10^{-2}		2.18×10^{-2}	9.36×10^{-2}			
		L	9.0		10.0	9.0			
C单位	1#	R_n/(cm/d)	5.76×10^{-5}	1.80×10^{-4}	2.58×10^{-7}				
		P_t/cm	4.29×10^{-3}	8.55×10^{-3}	1.94×10^{-5}				
		L	11.4	10.9	16.1				
	3#	R_n/(cm/d)	5.22×10^{-5}	1.69×10^{-4}	2.07×10^{-7}				
		P_t/cm							
		L	11.4	10.9	16.0				

* 累积浸出百分数大于20%,用式(5-11)、式(5-12)计算。

表5-7　浸出率、累积浸出分数与浸出因子计算结果比较

样品来源	编号	参数	^{137}Cs	^{90}Sr	总	总β	^{239}Pu
D单位	404-1	R_n/(cm/d)	5.90×10^{-4}	1.34×10^{-4}	6.26×10^{-6}	7.44×10^{-4}	1.13×10^{-6}
		P_t/cm	0.23	1.21×10^{-2}	1.06×10^{-3}	0.25	4.58×10^{-4}
		L	7.4*	10.6	12.8	7.4*	13.8
	404-2	R_n/(cm/d)	6.82×10^{-4}	1.33×10^{-4}	1.04×10^{-5}	5.68×10^{-4}	2.47×10^{-6}
		P_t/cm	0.28	1.03×10^{-2}	1.10×10^{-3}	0.19	3.77×10^{-4}
		L	7.3*	10.6	12.6	7.9*	13.8
	0.55-1	R_n/(cm/d)	5.00×10^{-4}	5.20×10^{-5}		4.72×10^{-4}	
		P_t/cm	0.24	9.63×10^{-3}		0.23	
		L	7.5*	10.9		7.5*	
	0.55-2	R_n/(cm/d)	5.93×10^{-4}	6.14×10^{-5}		5.59×10^{-4}	
		P_t/cm	0.25	1.12×10^{-2}		0.24	
		L	7.4*	10.8		7.5*	
D单位	0.55-3	R_n/(cm/d)	5.07×10^{-4}	1.84×10^{-5}	4.15×10^{-6}	4.77×10^{-4}	2.62×10^{-6}
		P_t/cm	0.21	3.64×10^{-3}	7.12×10^{-4}	0.20	5.29×10^{-4}
		L	7.6*	11.7	13.1	7.6*	13.4
	0.6-1	R_n/(cm/d)	4.60×10^{-4}	5.13×10^{-5}		4.36×10^{-4}	
		P_t/cm	0.24	1.24×10^{-2}		0.23	
		L	7.5*	10.8		7.5*	
	0.6-2	R_n/(cm/d)	4.89×10^{-4}	6.24×10^{-5}		4.62×10^{-4}	
		P_t/cm	0.23	1.39×10^{-2}		0.22	
		L	7.5*	10.8		7.6*	
	0.6-3	R_n/(cm/d)	4.68×10^{-4}	1.45×10^{-5}	3.69×10^{-6}	4.42×10^{-4}	2.23×10^{-6}
		P_t/cm	0.20	3.58×10^{-3}	7.14×10^{-4}	0.19	5.57×10^{-4}
		L	7.7*	11.9	13.1	7.9*	13.3

* 累积浸出百分数大于20%，用式(5-11)、式(5-12)计算。

从表5-6和表5-7可以看出：

①在核素累积浸出百分数小于20%（累积浸出分数值小于0.17）的条件下，固化体抗浸出性能能满足国标GB 14569.1中规定的要求，同时也能满足与浸出率R_n限值相对应的浸出因子L值的要求；核素累积浸出百分数在20%~31%（累积浸出分数值在0.17~0.26）范

围时，则固化体抗浸出性能虽然能满足国标 GB 14569.1 中规定的要求，但有的固化块能满足与浸出率 R_n 限值相对应的浸出因子 L 值的要求，有的不能满足与浸出率 R_n 限值相对应的浸出因子 L 值的要求；当核素累积浸出百分数大于 31%（累积浸出分数值大于 0.26）时，固化块抗浸出性能能虽然能满足国标 GB 14569.1 中规定的要求，固化块均不能满足与浸出率 R_n 限值相对应的浸出因子 L 值的要求。

②水泥固化体中除了 ^{137}Cs 外，其余核素累积浸出百分数均小于 20%（累积浸出分数值小于 0.17），固化体抗浸出性能都能满足国标 GB 14569.1 中规定的要求，同时也都能满足与浸出率 R_n 限值相对应的浸出因子 L 值的要求。因此，为使问题简化，水泥固化体中除了 ^{137}Cs 外，其余核素累积浸出百分数的限值可以确定为≤20%（累积浸出分数值≤0.17）。

如上所述，对 ^{137}Cs 来说，水泥固化体中 ^{137}Cs 的累积浸出百分数的限值可以确定为≤31%（累积浸出分数值≤0.26）。

也就是说，当水泥固化体中 ^{137}Cs 的累积浸出百分数小于 20%（累积浸出分数值小于 0.17）时，其浸出因子 L 值都大于 7.7，固化体抗浸出性能除了能满足国标 GB 14569.1 中规定的浸出率 R_n 限值的要求外，同时也都能满足与浸出率 R_n 限值相对应的浸出因子 L 值的要求，因此，可以视其为合格水泥固化体。

当水泥固化体中 ^{137}Cs 的累积浸出百分数在 20% ~31%（累积浸出分数值在 0.17 ~0.26）之间时，其浸出因子 L 值并不是都大于 7.7（据现有的数据，>7.0），固化体抗浸出性能都能满足国标GB 14569.1中规定的浸出率 R_n 限值的要求。由于其浸出因子 L 值在 7.1 ~7.8 之间，因此根据国内实际情况，可以视其为合格水泥固化体。

当水泥固化体中 ^{137}Cs 的累积浸出百分数 >31%（累积浸出分数值 >0.26）时，其浸出因子 L 值总是小于 7.7（据现有的数据，≤7.0），虽然固化体抗浸出性能都能满足国标 GB 14569.1 中规定的浸出率 R_n 限值的要求，由于其浸出因子 L 值已≤7.0，因此视其为不合格水泥固化体。

5.5.3 结论

综上所述，参照 GB 14569.1—1996 规定的浸出率限值，在 GB 14569.1 修订过程中，规定了核素的累积浸出分数限值。低中水平放射性废物水泥固化体在 25 ℃的去离子水中浸出，应满足的浸出率和累积浸出分数的限值要求如下：

核素第 42 d 的浸出率应低于下列限值：

——^{60}Co 为 2×10^{-3} cm/d；

——^{137}Cs 为 4×10^{-3} cm/d；

——^{90}Sr 为 1×10^{-3} cm/d；

——^{239}Pu 为 1×10^{-5} cm/d；

——其他重要 β,γ 放射性核素(不包括^{3}H)为 4×10^{-3}cm/d;
——其他 α 核素为 1×10^{-5}cm/d。
核素 42 d 的累积浸出分数应低于下列限值:
—^{137}Cs 为 0.26 cm;
—其他放射性核素(不包括^{3}H)为 0.17 cm。

参考文献

[1] 杜大海,朱培召.沥青固化物浸出机制的初步探讨[J].原子能科学技术,1982(1),82-85.
[2] STANDARD A N, ANSI/ANS-16. Measurement of the Leachability of Solidified Low-level Radioactive Wastes by a Short-term Test Procedure[S]: American Nuclear Society, 2003: 1-2003.
[3] SPENCE D R S C. Stabilization and Solidification of Hazardous, Radioactive, and Mixed wastes[M]. Washington: D. C.: CRC, 2005.
[4] Harwell S. Overview of current approaches [C]//EPA Leaching Meeting Proceedings, 1997.
[5] Kimmell T. Background of Toxicity Characteristic Leaching Procedure (tclp)[C]//EPA Leaching Meeting Proceedings, 1999.
[6] 郭喜良,杨卫兵.废物浸出试验方法概述[R].中国辐射防护研究院,2007.
[7] USEPA, Method 1311. Toxicity Characterization Leaching Procedure[S]. Washington: US Environmental Protection Agency, 2004.
[8] Lee G F, Phd, Dee. Comments on California Department of Water Resources July 26, 2004 News Release and Report on the Potential Impacts of Depositing Polluted Dredged Sediments on the Trapper Slough Levee, 8, Rancho Cordova, CA [R]: California Central Valley Regional Water Quality Control Board, 2004.
[9] Kingham N, Semenak R. SPLP Gaining Ground as Acceptable, Even Preferred, Leachability test[N]. Georgia and Southeast Environmental News. 1991,(7-8).
[10] CEN Technical Committee. CEN/TC 292 WG6. Characterization of Waste: Leaching Behavior Tests—Compliance Leaching Tests for Granular Waste[C], 1999: 1-4.
[11] 李利宇.低中水平放射性废物固化体的动态浸出试验方法研究[D].太原:中国辐射防护研究院,1992.
[12] E D H. Leach Testing of Immobilized Radioactive Waste Solids [J]. Atomic Energy Review, 1971, 9(1): 195-201.
[13] 杜大海.关于报告快速浸出试验结果的建议[J].辐射防护,1988,8(3):212-215.

[14] 郭喜良,徐春艳,杨卫兵.用短期试验表征放射性废物固化体的抗浸出性[J].辐射防护,2012,32(2):19-24.

[15] MENDEL J E. The Purpose of the Materials Characterization Center, Pacific Northwest Laboratory,PNL-S A-12320[R], 1984.

[16] DOE U S, DOE/TDC - 11400. Nuclear Waste Material Handbook (test method)[K]. Oak Ridge, 1982.

[17] 罗上庚.放射性废物处理与处置[M].北京:中国环境科学出版社,2006.

[18] An Der Sloot H,Heasman L,Quevauiller P. Harmonization of Leaching/Extraction Tests [R]. Elsevier, Amsterdam, The Netherlands, 1997.

[19] AFNOR, AFNOR T95J. Assoication francaise DE Normalisation (1988): dechéts: essai DE Lixivation X31-210[S]. Paris, France, 1988.

[20] 范智文,郭喜良,冯声涛.放射性废物固化体抗浸出性快速测定方法探讨[J].原子能科学技术,2007,41(5),540-545.